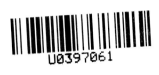

桉树林下植物识别图鉴

主　编　任世奇　陈健波
副主编　林建勇　唐庆兰

广西科学技术出版社

图书在版编目（CIP）数据

桉树林下植物识别图鉴 / 任世奇，陈健波主编 . —
南宁：广西科学技术出版社，2021.1
ISBN 978-7-5551-1471-0

Ⅰ.①桉… Ⅱ.①任… ②陈… Ⅲ.①桉树属—人工
林—植物—识别—图解 Ⅳ.①Q949-64

中国版本图书馆CIP数据核字（2021）第041644号

ANSHU LINXIA ZHIWU SHIBIE TUJIAN
桉树林下植物识别图鉴
主　编　任世奇　陈健波
副主编　林建勇　唐庆兰

责任编辑：黎志海　吴桐林　　装帧设计：韦宇星
责任校对：冯　靖　　责任印制：陆　弟

出 版 人：卢培钊　　出版发行：广西科学技术出版社
社　　址：广西南宁市东葛路 66 号　　邮政编码：530023
网　　址：http://www.gxkjs.com

经　　销：全国各地新华书店
印　　刷：广西昭泰子隆彩印有限责任公司
地　　址：南宁市友爱南路 39 号　　邮政编码：530001
开　　本：889mm × 1194mm　1/16
字　　数：175 千字　　印　　张：13
版　　次：2021 年 1 月第 1 版　　印　　次：2021 年 1 月第 1 次印刷
书　　号：ISBN 978-7-5551-1471-0
定　　价：198.00 元

《桉树林下植物识别图鉴》编委会

主　编　任世奇　陈健波

副主编　林建勇　唐庆兰

编　委（按姓氏拼音首字母排序）

陈健波[1]　陈升侃[1]　邓紫宇[1]　郭东强[1]

姜　英[1]　兰　俊[3]　李昌荣[1]　梁燕芳[2]

林建勇[1]　刘　媛[1]　卢翠香[1]　邱炳发[3]

任世奇[1]　苏福聪[2]　谭桂菲[1]　唐庆兰[1]

王建忠[3]　韦振道[1]　魏国余[3]　吴　兵[3]

伍　琪[1]　熊　涛[3]　杨中宁[2]　于永辉[4]

张　磊[3]　周　维[1]　朱原立[2]

著者单位代码

1. 广西壮族自治区林业科学研究院

2. 广西壮族自治区国有七坡林场

3. 广西壮族自治区国有东门林场

4. 广西壮族自治区国有高峰林场

前　言

桉树是桃金娘科（Myrtaceae）杯果木属（*Angophora*）、伞房花属（*Corymbia*）和桉树属（*Eucalyptus*）的统称，共有 945 个种（包含变种和亚种），且有许多天然的杂种和分化类型。桉树天然分布于澳大利亚、印度尼西亚和菲律宾的几个岛屿，因其具有适应能力强、生长速度快、木材用途广、经济价值高等特点，故被世界各国广泛引种栽培。

我国从 1890 年开始引种桉树，起初仅用于庭院、行道等的绿化与观赏种植；20 世纪 50 年代建立粤西林场后，开始较大面积种植。20 世纪 80 年代，我国开展了大量的桉树科学研究工作，取得了许多科技成果，其中有相当一部分研究成果得到了广泛的推广应用，总结出丰富的实践经验，推动了我国桉树产业的发展。我国桉树引种栽培范围为南起海南三亚（北纬 18° 20′），北达陕西汉中（北纬 33° 00′），西起云南宝山（东经 22° 19′），东至浙江普陀（东经 99° 84′）。截至目前，全国有 20 个省（自治区、直辖市）共 600 多个县种植了桉树，先后引进 300 多个种，种植面积已达 546 万公顷。

广西是我国桉树种植面积、蓄积量和木材产量均居全国第一位的省份。截至 2018 年底，广西桉树种植面积达 250 万公顷，年木材产量 2700 多万立方米，以占全广西 14% 的林地，生产出全广西 80% 的木材，以占全国 0.6% 的林地，生产出全国 30% 的木材，有力地保护了广西 600 万公顷公益林免遭采伐和 350 万公顷其他商品林免遭过度采伐，将广西森林覆盖率从 2000 年的 41.3% 提高到 2018 年的 62.37%，植被生态质量和植被生态改善程度均居全国前列。2017 年 4 月，习近平总书记视察广西时称赞“广西生态优势金不换”“山清水秀生态美”。

桉树的快速发展及对桉树经济价值的片面追求，导致桉树种植凸显出集中连片纯林、造林品系单一、经营周期过短等经营措施不科学的问题，也使桉树林的生态效益受到社会各界的质疑。过去，对桉树林生态效益的研究较少，其研究结果也不尽一致，其中，桉树种植是否会降低生态系统生物多样性是一个备受关注的重点问题。

桉树林下植物多样性研究是评估桉树林生物多样性保育功能的主要内容，也是桉树林生态系统服务功能研究的重要组成部分。调查记录桉树林下植物的种类、多度、盖度等指标数据，是研究其多样性的关键技术方法。

本书共收录了桉树林下植物 190 种，按照木本植物、藤本植物和草本植物进行分类，其中木本植物 32 科 67 属 103 种，藤本植物 16 科 23 属 26 种，草本植物 22 科 53 属 61 种。科、属、种的排序均按拼音音序排列。本书中所有植物种类以图文并茂的形式呈现，相关信息均可查询《中国植物志》数据库及中国自然标本馆系统。本书可作为研究桉树及其他树种的林下植物多样性的工具书或参考书。

本书使用“★”的数量表示植物的常见程度，其中“★”表示少见，“★★”表示较常见，“★★★”表示常见。

本书在编写过程中主要基于前期研究基础和收集的图片资料，也查阅了大量文献资料，但由于编者水平有限，书中可能存在错漏，敬请读者批评指正！

编著者

目录

木本植物

目录

CONTENTS

目 录

CONTENTS

目录

木本植物

菝葜

拉丁学名：*Smilax china* L.

科　　属：百合科　菝葜属

形态特征：攀缘灌木。茎长 1 ～ 3 m，少数可达 5 m，疏生刺。叶片薄革质或坚纸质，干后通常红褐色或近古铜色，圆形、卵形或其他形状，长 3 ～ 10 cm，宽 1.5 ～ 6（10）cm，背面通常淡绿色，较少苍白色；叶柄长 5 ～ 15 mm，占全长的 1/2 ～ 2/3，具宽 0.5 ～ 1 mm（一侧）的鞘，几乎均有卷须，少有例外，脱落点位于靠近卷须处。伞形花序生于叶尚幼嫩的小枝上，具花十几朵或更多，常呈球形；花序梗长 1 ～ 2 cm；花绿黄色，外花被片长 3.5 ～ 4.5 mm，宽 1.5 ～ 2 mm，内花被片稍狭；雄花中花药比花丝稍宽，常弯曲；雌花与雄花大小相似，有 6 枚退化雄蕊。浆果直径 6 ～ 15 mm，熟时红色，具粉霜。花期 2 ～ 5 月，果期 9 ～ 11 月。

生境与分布：生于海拔 2000 m 以下的林下、灌木丛中、路旁、河谷或山坡上。分布于我国山东、江苏、浙江、福建、台湾、江西、安徽、河南、湖北、四川、云南、贵州、湖南、广西、广东等地。缅甸、越南、泰国、菲律宾也有分布。

常见程度：★★

尖叶菝葜

拉丁学名：*Smilax arisanensis* Hay.

科　　属：百合科　菝葜属

形态特征：攀缘灌木。茎无刺或具疏刺。叶片纸质，矩圆形、矩圆状披针形或卵状披针形，长 7 ～ 12（15）cm，宽 1.5 ～ 3.5（5）cm，先端渐尖或长渐尖，基部圆形，干后常带古铜色；叶柄长 7 ～ 20 mm，常扭曲，全长的 1/2 具狭鞘，一般有卷须，脱落点位于近顶端。伞形花序或生于叶腋，或生于披针形苞片的腋部，前者花序梗基部常有 1 枚与叶柄相对的鳞片（先出叶），较少不具；花序梗纤细，比叶柄长 3 ～ 5 倍；花绿白色；雄花内外花被片相似，长 2.5 ～ 3 mm，宽约 1 mm；雄蕊长约为花被片的 2/3；雌花具 3 枚退化雄蕊。浆果直径约 8 mm，熟时紫黑色。花期 4 ～ 5 月，果期 10 ～ 11 月。

生境与分布：生于海拔 1500 m 以下的林下、灌木丛中或山谷溪边荫蔽处。分布于我国江西、浙江、福建、台湾、广东、广西、四川、贵州、云南等地。越南也有分布。

常见程度：★

土茯苓

拉丁学名：*Smilax glabra* Roxb.

科　　属：百合科　菝葜属

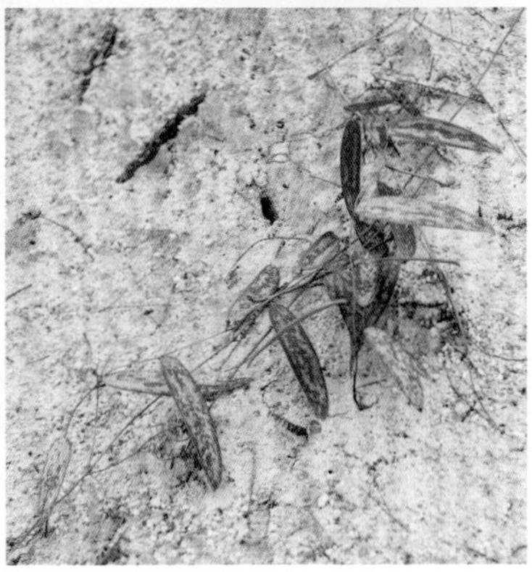

形态特征： 攀缘灌木。根状茎粗厚，块状。枝条光滑，无刺。叶片薄革质，狭椭圆状披针形至狭卵状披针形，长 6 ～ 12（15）cm，宽 1 ～ 4（7）cm，先端渐尖，背面通常绿色，有时带苍白色；叶柄长 5 ～ 15（20）mm，占全长的 1/4 ～ 3/5，具狭鞘和卷须，脱落点位于近顶端。伞形花序；在花序梗与叶柄之间有 1 个芽；花序托膨大，连同多数宿存的小苞片多少呈莲座状，宽 2 ～ 5 mm；花绿白色，直径约 3 mm；雄花外花被片宽约 2 mm，兜状，背面中央具纵槽，内花被片边缘具不规则的齿；雄蕊靠合，花丝极短；雌花具 3 枚退化雄蕊。浆果直径 7 ～ 10 mm，熟时紫黑色，具粉霜。花期 7 ～ 11 月，果期 11 月至翌年 4 月。

生境与分布： 生于海拔 1800 m 以下的林下、灌木丛中、河岸或山谷中，也见于林缘与疏林中。分布于我国甘肃及长江以南各地，南至台湾、海南和云南。越南、泰国和印度也有分布。

常见程度： ★

白饭树

拉丁学名：*Flueggea virosa*（Roxb. ex Willd.）Voigt

科　　属：大戟科　白饭树属

形态特征：灌木。小枝具纵棱槽，有皮孔。全株无毛。叶片纸质，椭圆形、长圆形、倒卵形或近圆形，长 2～5 cm，宽 1～3 cm，顶端圆至急尖，有小尖头，基部钝形至楔形，全缘，背面白绿色；侧脉每边 5～8 条；叶柄长 2～9 mm；托叶披针形，长 1.5～3 mm。花小，淡黄色，雌雄异株，多朵簇生于叶腋；苞片鳞片状，长不及 1 mm；雄花花梗纤细，长 3～6 mm，萼片 5 片，卵形，长 0.8～1.5 mm，宽 0.6～1.2 mm；雄蕊 5 枚，花丝长 1～3 mm；花盘腺体 5 个，与雄蕊互生；退化雌蕊通常 3 深裂；子房卵圆形，3 室；花柱 3 枚，基部合生，顶部 2 裂，裂片外弯。蒴果浆果状，近圆球形，直径 3～5 mm，熟时果皮淡白色，不开裂。花期 3～8 月，果期 7～12 月。

生境与分布：生于海拔 100～2000 m 的山地灌木丛中。分布于我国华东、华南及西南地区。非洲、大洋洲也有分布。

常见程度：★

黑面神

拉丁学名：*Breynia fruticosa*（Linn.）Hook. f.

科　　属：大戟科　黑面神属

形态特征：灌木。枝条上部常呈扁压状，紫红色；小枝绿色；全株均无毛。叶片革质，卵形、阔卵形或菱状卵形，长 3 ～ 7 cm，宽 1.8 ～ 3.5 cm，两端钝或急尖，腹面深绿色，背面粉绿色，干后变黑色，有小斑点；侧脉每边 3 ～ 5 条；叶柄长 3 ～ 4 mm；托叶三角状披针形，长约 2 mm。花小，单生或 2 ～ 4 朵簇生于叶腋内，雌花位于小枝上部，雄花位于小枝下部；雄花花萼厚，顶端 6 齿裂；雄蕊 3 枚，合生呈柱状；雌花花萼钟状，6 浅裂，直径约 4 mm，萼片近相等，顶端近截形，中间有突尖，结果时约增大 1 倍，上部辐射张开呈盘状；子房卵状；花柱 3 枚，顶端 2 裂，裂片外弯。蒴果圆球状，直径 6 ～ 7 mm，有宿存的花萼。花期 4 ～ 9 月，果期 5 ～ 12 月。

生境与分布：分布于我国浙江、福建、广东、海南、广西、四川、贵州、云南等地。

常见程度：★★★

红背山麻杆

拉丁学名：*Alchornea trewioides*（Benth.）Muell. Arg.

科　　属：大戟科　山麻杆属

形态特征：灌木。小枝初时被灰色微柔毛，后变无毛。叶片薄纸质，阔卵形，长 8 ～ 15 cm，宽 7 ～ 13 cm，顶端急尖或渐尖，基部浅心形或近截平，边缘疏生具腺小齿，腹面无毛，背面浅红色，仅沿脉被微柔毛，基部具斑状腺体 4 个；基出脉 3 条；小托叶披针形，长 2 ～ 3.5 mm；叶柄长 7 ～ 12 cm；托叶钻状，长 3 ～ 5 mm，具毛。雌雄异株，雄花序穗状，腋生或生于一年生小枝已落叶腋部，长 7 ～ 15 cm，具微柔毛，雄花簇生于苞腋；雄蕊 7 枚或 8 枚；雌花序总状，顶生，长 5 ～ 6 cm，各部均被微柔毛；花梗长约 1 mm；雌花萼片 5 片或 6 片，披针形，长 3 ～ 4 mm，被短柔毛，其中 1 片的基部具 1 个腺体；花柱 3 枚，线状，长 12 ～ 15 mm。蒴果球形，具 3 圆棱，直径 8 ～ 10 mm；果皮平坦，被微柔毛。花期 3 ～ 5 月，果期 6 ～ 8 月。

生境与分布：生于海拔 15 ～ 400（1000）m 的沿海平原、内陆山地矮灌木丛中、疏林下或石灰岩山灌木丛中。分布于我国福建、江西、湖南、广东、广西、海南等地。泰国北部、越南北部、琉球群岛也有分布。

常见程度：★★

厚叶算盘子

拉丁学名：*Glochidion hirsutum*（Roxb.）Voigt

科　　属：大戟科　算盘子属

形态特征：灌木或小乔木。小枝密被长柔毛。叶片革质，卵形、长卵形或长圆形，长 7 ～ 15 cm，宽 4 ～ 7 cm，顶端钝或急尖，基部浅心形、截形或圆形，两侧均偏斜，两面被柔毛；侧脉每边 6 ～ 10 条；叶柄长 5 ～ 7 mm，被柔毛；托叶披针形，长 3 ～ 4 mm。聚伞花序通常腋生；花序梗长 5 ～ 7 mm 或短缩；雄花花梗长 6 ～ 10 mm，萼片 6 片，长圆形或倒卵形，长 3 ～ 4 mm，其中 3 片较宽，外面被柔毛；雄蕊 5 ～ 8 枚；雌花花梗长 2 ～ 3 mm，萼片 6 片，卵形或阔卵形，长约 2.5 mm，其中 3 片较宽，外面被柔毛；花柱合生呈近圆锥状，顶端截平。蒴果扁球状，直径 8 ～ 12 mm，被柔毛，具 5 条或 6 条纵沟。花果期几乎全年。

生境与分布：生于海拔 120 ～ 1800 m 的山地林下向阳处湿土上或河边、沼地灌木丛中。分布于我国福建、台湾、广东、海南、广西、云南、西藏等地。印度也有分布。

常见程度：★

毛果算盘子

拉丁学名：*Glochidion eriocarpum* Champ. ex Benth.

科　属：大戟科　算盘子属

形态特征：灌木。小枝密被淡黄色、扩展的长柔毛。叶片纸质，卵形、狭卵形或宽卵形，长 4 ～ 8 cm，宽 1.5 ～ 3.5 cm，顶端渐尖或急尖，基部钝形、截形或圆形，两面均被长柔毛；侧脉每边 4 条或 5 条；叶柄长 1 ～ 2 mm，被柔毛；托叶钻状，长 3 ～ 4 mm。花单生或 2 ～ 4 朵簇生于叶腋；雌花生于小枝上部，雄花生于小枝下部；雄花花梗长 4 ～ 6 mm，萼片 6 片；雄蕊 3 枚；雌花几无花梗，萼片 6 片，长圆形，长 2.5 ～ 3 mm，其中 3 片较狭，两面均被长柔毛；花柱合生呈圆柱状，直立，长约 1.5 mm，顶端 4 裂或 5 裂。蒴果扁球状，直径 8 ～ 10 mm，具 4 条或 5 条纵沟，密被长柔毛，顶端具圆柱状稍伸长的宿存花柱。花果期几乎全年。

生境与分布：生于海拔 130 ～ 1600 m 的山坡、山谷灌木丛中或林缘。分布于我国江苏、福建、台湾、湖南、广东、海南、广西、贵州、云南等地。

常见程度：★★★

土蜜树

拉丁学名：*Bridelia tomentosa* Bl.

科　　属：大戟科　土蜜树属

形态特征：直立灌木或小乔木。树皮深灰色。枝条细长；除幼枝、叶背、叶柄、托叶和雌花的萼片外面被柔毛或短柔毛外，其余均无毛。叶片纸质，长圆形、长椭圆形或倒卵状长圆形，稀近圆形，长 3 ～ 9 cm，宽 1.5 ～ 4 cm，顶端锐尖至钝，基部宽楔形至近圆形，腹面粗涩，背面浅绿色；侧脉每边 9 ～ 12 条；叶柄长 3 ～ 5 mm；托叶线状披针形，常早落。花雌雄同株或异株，簇生于叶腋；雄花花梗极短，萼片三角形，长约 1.2 mm；花丝下部与退化雌蕊贴生；雌花几无花梗，萼片三角形，长和宽均约 1 mm；花瓣比萼片短；花盘坛状，包围子房；子房卵圆形；花柱 2 深裂。核果近圆球形，直径 4 ～ 7 mm，2 室。种子褐红色，长卵形，有纵条纹。花果期几乎全年。

生境与分布：生于海拔 100 ～ 1500 m 的山地疏林或平原灌木林中。分布于我国福建、台湾、广东、海南、广西、云南等地。马来西亚、印度尼西亚至澳大利亚也有分布。

常见程度：★★

山乌柏

拉丁学名：*Triadica cochinchinensis* Lour.

科　　属：大戟科　乌桕属

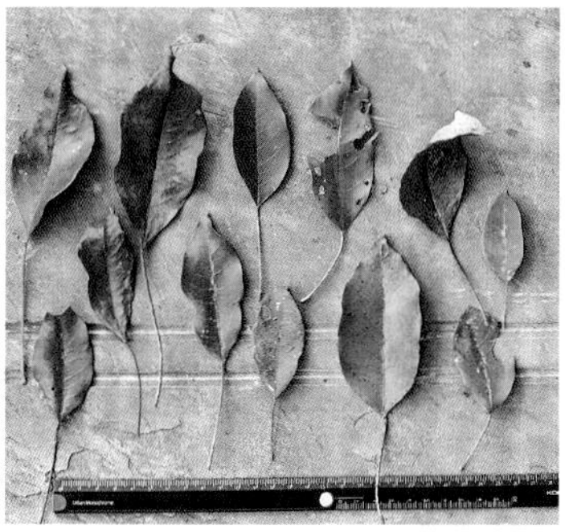

形态特征：乔木或灌木。各部均无毛。小枝灰褐色，有皮孔。叶互生，叶片纸质，嫩时呈淡红色，叶片椭圆形或长卵形，长 4 ～ 10 cm，宽 2.5 ～ 5 cm，顶端钝或短渐尖，基部短狭或楔形，背面近缘常有数个圆形的腺体；侧脉纤细，8 ～ 12 对；叶柄纤细，长 2 ～ 7.5 cm，顶端具 2 个毗连的腺体；托叶小。花单性，雌雄同株，密集成长 4 ～ 9 cm 的顶生总状花序；雄花花梗丝状，长 1 ～ 3 mm，花萼杯状，具不整齐的裂齿；雄蕊 2 枚，少有 3 枚，花丝短，花药球形；雌花花梗粗壮，圆柱形，长约 5 mm，花萼 3 深裂几达基部；子房 3 室；花柱粗壮，柱头 3 个，外反。蒴果黑色，球形，直径 1 ～ 1.5 cm，分果爿脱落后而中轴宿存。种子近球形，长 4 ～ 5 mm，直径 3 ～ 4 mm，外薄被蜡质的假种皮。花期 4 ～ 6 月。

生境与分布：生于山谷或山坡混交林中。分布于我国云南、四川、贵州、湖南、广西、广东、江西、安徽、福建、浙江、台湾等地。印度、缅甸、老挝、越南、马来西亚及印度尼西亚也有分布。

常见程度：★★★

乌桕

拉丁学名：*Triadica sebifera*（L.）Small

科　　属：大戟科　乌桕属

形态特征：乔木。各部均无毛而具乳状汁液。树皮暗灰色，有纵裂纹。叶互生，叶片纸质，菱形、菱状卵形或稀有菱状倒卵形，长 3 ～ 8 cm，宽 3 ～ 9 cm，顶端骤然紧缩具长短不等的尖头，基部阔楔形或钝形，全缘；侧脉 6 ～ 10 对，纤细；叶柄纤细，长 2.5 ～ 6 cm，顶端具 2 个腺体。花单性，雌雄同株，聚集成顶生、长 6 ～ 12 cm 的总状花序；雄花花梗纤细，长 1 ～ 3 mm，花萼杯状，3 浅裂；雄蕊 2 枚，罕有 3 枚；雌花花梗粗壮，长 3 ～ 3.5 mm，花萼 3 深裂；子房卵球形，平滑，3 室；花柱 3 枚，基部合生，柱头外卷。蒴果梨状球形，熟时黑色，直径 1 ～ 1.5 cm；具种子 3 粒，分果爿脱落后而中轴宿存。种子扁球形，黑色，长约 8 mm，宽 6 ～ 7 mm，外被白色、蜡质的假种皮。花期 4 ～ 8 月。

生境与分布：生于旷野、池塘边或疏林中。分布于我国黄河以南各地。日本、越南、印度也有分布。

常见程度：★★

方叶五月茶

拉丁学名：*Antidesma ghaesembilla* Gaertn.

科　　属：大戟科　五月茶属

形态特征：乔木。除叶面外，全株各部均被柔毛或短柔毛。叶片长圆形、卵形、倒卵形或近圆形，长 3 ～ 9.5 cm，宽 2 ～ 5 cm，顶端圆、钝或急尖，有时有小尖头或微凹，基部圆形、钝形、截形或近心形，边缘微卷；侧脉每边 5 ～ 7 条；叶柄长 5 ～ 20 mm；托叶线形，早落。雄花黄绿色，多朵组成分枝的穗状花序，萼片通常 5 片，有时 6 片或 7 片，倒卵形；雄蕊 4 ～ 5（7）枚，长 2 ～ 2.5 mm；花丝着生于分离的花盘裂片之间；花盘 4 ～ 6 裂；退化雌蕊倒锥形，长约 0.7 mm；雌花多朵组成分枝的总状花序，花梗极短，花萼与雄花的相同；花盘环状；子房卵圆形，长约 1 mm；花柱 3 枚，顶生。核果近圆球形，直径约 4.5 mm。花期 3 ～ 9 月，果期 6 ～ 12 月。

生境与分布：生于海拔 200 ～ 1100 m 的山地疏林中。分布于我国广东、海南、广西、云南等地。印度、孟加拉国、不丹、缅甸、越南、斯里兰卡、马来西亚、印度尼西亚、巴布亚新几内亚、菲律宾和澳大利亚南部也有分布。

常见程度：★★

中平树

拉丁学名：*Macaranga denticulate*（Bl.）Muell. Arg.

科　　属：大戟科　血桐属

形态特征：乔木。嫩枝、叶、花序和花均被锈色或黄褐色茸毛。小枝粗壮，具纵棱，茸毛呈粉状脱落。叶片纸质或近革质，三角状卵形或卵圆形，长 12 ～ 30 cm，宽 11 ～ 28 cm，盾状着生，顶端长渐尖，基部钝圆或近截平，稀浅心形，两侧通常各具斑状腺体 1 ～ 2 个；掌状脉 7 ～ 9 条，侧脉 8 对或 9 对；叶柄长 5 ～ 20 cm，被毛或无毛。雄花序圆锥状，长 5 ～ 10 cm；雄花花萼 2 裂或 3 裂，长约 1 mm，雄蕊 9 ～ 16（21）枚，花药 4 室；花梗长约 0.5 mm；雌花序圆锥状，长 4 ～ 8 cm；雌花花萼 2 浅裂，长约 1.5 mm；子房 2 室，稀 3 室，沿背缝线具短柔毛；花柱 2 枚或 3 枚，长约 1 mm。蒴果双球形，长约 3 mm，宽 5 ～ 6 mm，具颗粒状腺体；宿萼 3 裂或 4 裂；果梗长 3 ～ 5 mm。花期 4 ～ 6 月，果期 5 ～ 8 月。

生境与分布：生于海拔 50 ～ 1300 m 的低山次生林或山地常绿阔叶林中。分布于我国海南、广西、贵州、云南、西藏等地。尼泊尔、印度东北部、缅甸、泰国、老挝、越南、马来西亚、印度尼西亚也有分布。

常见程度：★★

白背叶

拉丁学名：*Mallotus apelta*（Lour.）Muell. Arg.

科　　属：大戟科　野桐属

形态特征：灌木或小乔木。小枝、叶柄和花序均密被淡黄色星状柔毛并散生橙黄色颗粒状腺体。叶互生，叶片卵形或阔卵形，稀心形，长和宽均为 6 ～ 16（25）cm，顶端急尖或渐尖，基部截平或稍心形，边缘具疏齿，背面被灰白色星状茸毛，散生橙黄色颗粒状腺体；基出脉 5 条，最下 1 对常不明显，侧脉 6 对或 7 对；基部近叶柄处有褐色斑状腺体 2 个；叶柄长 5 ～ 15 cm。花雌雄异株，雄花为开展的圆锥花序或穗状花序，长 15 ～ 30 cm；雄蕊 50 ～ 75 枚，长约 3 mm；雌花为穗状花序，长 15 ～ 30 cm，稀有分枝；花柱 3 枚或 4 枚，长约 3 mm，基部合生，柱头密生羽毛状突起。蒴果近球形，密生被灰白色星状毛的软刺，软刺线形，黄褐色或浅黄色，长 5 ～ 10 mm。种子近球形，直径约 3.5 mm，褐色或黑色，具皱纹。花期 6 ～ 9 月，果期 8 ～ 11 月。

生境与分布：生于海拔 30 ～ 1000 m 的山坡或山谷灌木丛中。分布于我国云南、广西、湖南、江西、福建、广东、海南等地。越南也有分布。

常见程度：★★★

白楸

拉丁学名：*Mallotus paniculatus*（Lam.）Muell. Arg.

科　　属：大戟科　野桐属

形态特征：乔木或灌木。树皮灰褐色，近平滑。小枝、叶柄和花序均密被褐色或黄褐色星状茸毛。叶互生，生于花序下的常密集近轮生，叶片卵形、卵状三角形或菱形，长 5 ～ 15 cm，宽 3 ～ 10 cm，顶端长渐尖，基部楔形或阔楔形，边缘近全缘或波状，上部有时具 2 裂片或粗齿；嫩叶两面均密被黄褐色或灰白色星状茸毛，成长叶腹面无毛；基出脉 5 条，基部近叶柄外有黑色腺体 2 个；叶柄稍盾状着生。花雌雄异株，花序总状或下部具分枝，顶生；雄花序长 10 ～ 20 cm；雌花序长 5 ～ 35 cm；花萼裂片 4 片或 5 片，长卵形，长 2 ～ 3 mm，不等大，外面密被星状茸毛；花柱 3 枚，基部稍合生，柱头长 2 ～ 3 mm，背面羽毛状。蒴果扁球形，具钝三棱，直径 10 ～ 15 mm，密被褐色茸毛和皮刺，皮刺长 4 ～ 6 mm，被毛。花期 7 ～ 10 月，果期 11 ～ 12 月。

生境与分布：生于海拔 50 ～ 1300 m 的林缘或灌木丛中。分布于我国云南、贵州、广西、广东、海南、福建、台湾等地。东南亚国家也有分布。

常见程度：★★★

粗糠柴

拉丁学名：*Mallotus philippensis*（Lam.）Muell. Arg.

科　　属：大戟科　野桐属

形态特征：小乔木或灌木。小枝、嫩叶和花序均密被黄褐色短星状柔毛。叶互生或有时小枝顶部对生，叶片近革质，卵形、长圆形或卵状披针形，长 5 ～ 18（22）cm，宽 3 ～ 6 cm，顶端渐尖，基部圆形或楔形，边缘近全缘，腹面无毛，背面散生红色颗粒状腺体；基出脉 3 条，侧脉 4 ～ 6 对；近基部有褐色斑状腺体 2 ～ 4 个；叶柄两端稍增粗，被星状毛。花雌雄异株，总状花序顶生或腋生，单生或数个簇生；雄蕊 15 ～ 30 枚；雌花序长 3 ～ 8 cm，果序长达 16 cm；子房被毛；花柱 2 枚或 3 枚，长 3 ～ 4 mm，柱头密生羽毛状突起。蒴果扁球形，直径 6 ～ 8 mm，具 2 个或 3 个分果爿，密被红色颗粒状腺体和粉末状毛。花期 4 ～ 5 月，果期 5 ～ 8 月。

生境与分布：分布于我国四川、云南、贵州、湖北、江西、安徽、江苏、浙江、福建、台湾、湖南、广东、广西、海南等地。

常见程度：★★

毛桐

拉丁学名：*Mallotus barbatus*（Wall.）Muell. Arg.

科　　属：大戟科　野桐属

形态特征：小乔木。嫩枝、叶柄和花序均被黄棕色星状长茸毛。叶互生，叶片纸质，卵状三角形或卵状菱形，长 13 ～ 35 cm，宽 12 ～ 28 cm，顶端渐尖，基部圆形或截形，边缘具锯齿或波状，上部有时具 2 裂片或粗齿，腹面除叶脉外无毛，背面密被黄棕色星状长茸毛，散生黄色颗粒状腺体；掌状脉 5 ～ 7 条，近叶柄着生处有时具黑色斑状腺体数个；叶柄盾状着生，长 5 ～ 22 cm。花雌雄异株，总状花序顶生；雄花序长 11 ～ 36 cm，下部常多分枝；雄蕊 75 ～ 85 枚；雌花序长 10 ～ 25 cm；苞片线形，长 4 ～ 5 mm，苞腋有雌花 1 朵或 2 朵；花萼裂片 3 ～ 5 片，卵形，长 4 ～ 5 mm；花柱 3 ～ 5 枚，基部稍合生，柱头长约 3 mm，密生羽毛状突起。蒴果排列较稀疏，球形，直径 1.3 ～ 2 cm，密被淡黄色星状毛和紫红色、长约 6 mm 的软刺，形成连续的厚毛层，厚 6 ～ 7 mm。花期 4 ～ 5 月，果期 9 ～ 10 月。

生境与分布：分布于我国云南、四川、贵州、湖南、广东、广西等地。

常见程度：★★★

石岩枫

拉丁学名：*Mallotus repandus*（Willd.）Muell. Arg.

科　属：大戟科　野桐属

形态特征：攀缘灌木。嫩枝、叶柄、花序和花梗均密生黄色星状柔毛；老枝无毛，常有皮孔。叶互生，叶片纸质或膜质，卵形或椭圆状卵形，长 3.5 ～ 8 cm，宽 2.5 ～ 5 cm，顶端急尖或渐尖，基部楔形或圆形，边缘全缘或波状，成长叶仅背面叶脉腋部被毛和散生黄色颗粒状腺体；基出脉 3 条，有时稍离基。花雌雄异株，总状花序或下部有分枝；雄花序顶生，稀腋生，长 5 ～ 15 cm；雄蕊 40 ～ 75 枚，花丝长约 2 mm；雌花序顶生，长 5 ～ 8 cm；雌花花梗长约 3 mm；花萼裂片 5 片，卵状披针形，长约 3.5 mm，外面被茸毛，具颗粒状腺体；花柱 2 枚或 3 枚，柱头长约 3 mm，被星状毛，密生羽毛状突起。蒴果具 2 个或 3 个分果爿，直径约 1 cm，密生黄色粉末状毛并具颗粒状腺体。花期 3 ～ 5 月，果期 8 ～ 9 月。

生境与分布：生于海拔 250 ～ 300 m 的山地疏林中或林缘。分布于我国广西、广东、海南、台湾等地。东南亚和南亚国家也有分布。

常见程度：★★

小果叶下珠

拉丁学名：*Phyllanthus reticulatus* Poir.

科　属：大戟科　叶下珠属

形态特征：灌木。枝条淡褐色。幼枝、叶和花梗均被淡黄色短柔毛或微毛。叶片膜质至纸质，椭圆形、卵形至圆形，长 1 ～ 5 cm，宽 0.7 ～ 3 cm，顶端急尖、钝至圆，基部钝至圆，背面有时灰白色；叶脉通常两面均明显，侧脉每边 5 ～ 7 条；叶柄长 2 ～ 5 mm。通常雄花 2 ～ 10 朵和雌花 1 朵簇生于叶腋，稀组成聚伞花序；雄花直径约 2 mm，花梗纤细，长 5 ～ 10 mm，萼片 5 片或 6 片，2 轮；雄蕊 5 枚，直立，其中 3 枚较长而花丝合生；雌花花梗长 4 ～ 8 mm，纤细，萼片 5 片或 6 片，2 轮，不等大；子房圆球形，4 ～ 12 室；花柱分离，顶端 2 裂，裂片线形卷曲平贴于子房顶端。蒴果呈浆果状，球形或近球形，直径约 6 mm，红色，干后灰黑色，不分裂。种子三棱形，长 1.6 ～ 2 mm，褐色。花期 3 ～ 6 月，果期 6 ～ 10 月。

生境与分布：生于海拔 200 ～ 800 m 的山地林下或灌木丛中。分布于我国江西、福建、台湾、湖南、广东、海南、广西、四川、贵州、云南等地。非洲西部热带地区、印度、斯里兰卡、中南半岛、印度尼西亚、菲律宾、马来西亚和澳大利亚也有分布。

常见程度：★★★

银柴

拉丁学名：*Aporusa dioica*（Roxb.）Muell. Arg.

科　　属：大戟科　银柴属

形态特征：乔木；在次生林中常呈灌木状。小枝初时被稀疏粗毛，老时渐无毛。叶片革质，椭圆形、长椭圆形、倒卵形或倒披针形，长 6 ～ 12 cm，宽 3.5 ～ 6 cm，顶端圆至急尖，基部圆形或楔形，全缘或具稀疏的浅锯齿，腹面无毛而有光泽，背面初时仅叶脉上被稀疏短柔毛，老时渐无毛；侧脉每边 5 ～ 7 条；叶柄长 5 ～ 12 mm，被稀疏短柔毛，顶端两侧各具 1 个小腺体；托叶卵状披针形，长 4 ～ 6 mm。雄穗状花序长约 2.5 cm，宽约 4 mm；雌穗状花序长 4 ～ 12 mm；雄花萼片通常 4 片；雄蕊 2 ～ 4 枚；雌花萼片 4 ～ 6 片；子房密被短柔毛。蒴果椭球状，长 1 ～ 1.3 cm，被短柔毛，内有种子 2 粒。种子近卵圆形，长约 9 mm，宽约 5.5 mm。花果期几乎全年。

生境与分布：生于海拔 1000 m 以下的山地疏林中、林缘或山坡灌木丛中。分布于我国广东、海南、广西、云南等地。印度、缅甸、越南和马来西亚等国家也有分布。

常见程度：★★

木油桐

拉丁学名：*Vernicia montana* Lour.

科　　属：大戟科　油桐属

形态特征：落叶乔木。枝条无毛，散生凸起皮孔。叶片阔卵形，长 8 ～ 20 cm，宽 6 ～ 18 cm，顶端短尖至渐尖，基部心形至截平，全缘或 2 ～ 5 裂；裂缺常有杯状腺体，两面初时均被短柔毛，成长叶仅背面基部沿脉被短柔毛，掌状脉 5 条；叶柄长 7 ～ 17 cm，无毛，顶端有 2 枚具柄的杯状腺体。花序生于当年生已发叶的枝条上，雌雄异株或有时同株异序；花萼无毛，长约 1 cm，2 裂或 3 裂；花瓣白色或基部紫红色且有紫红色脉纹，倒卵形，长 2 ～ 3 cm，基部爪状；雄花具雄蕊 8 ～ 10 枚，外轮离生，内轮花丝下半部合生，花丝被毛；雌花子房密被棕褐色柔毛，3 室；花柱 3 枚，2 深裂。核果卵球状，直径 3 ～ 5 cm，具 3 条纵棱，棱间有粗疏网状皱纹，有种子 3 粒。种子扁球状，种皮厚，有疣突。花期 4 ～ 5 月。

生境与分布：多见于江边、河谷及丘陵地区。分布于我国广西、广东、福建、江西、湖南、浙江等地，以广西南部天然分布和人工种植较多。

常见程度：★

秤星树

拉丁学名：*Ilex asprella*（Hook. et Arn.）Champ. ex Benth.

科　属：冬青科　冬青属

形态特征：落叶灌木。具长枝和短枝，长枝纤细，栗褐色，无毛，具淡色皮孔；短枝多皱，具宿存的鳞片和叶痕。叶片膜质，在长枝上互生，在短枝上簇生枝顶，卵形或卵状椭圆形，长（3）4～6（7）cm，宽（1.5）2～3.5 cm，先端尾状渐尖，尖头长6～10 mm，基部钝形至近圆形，边缘具锯齿，叶腹面绿色，被微柔毛，背面淡绿色，无毛；叶柄长3～8 mm，腹面具槽。雄花序有花2朵或3朵，呈束状或单生于叶腋或鳞片腋内；花梗长4～6（9）mm；花4或5基数；花冠白色，辐状，直径约6 mm，基部合生；雌花序单生于叶腋或鳞片腋内；退化雄蕊长约1 mm；花柱明显，柱头厚盘状。果球形，直径5～7 mm，熟时变黑色，具分核4～6粒。花期3月，果期4～10月。

生境与分布：生于海拔400～1000 m的山地疏林或路旁灌木丛中。分布于我国浙江、江西、福建、台湾、湖南、广东、广西、香港等地。菲律宾群岛也有分布。

常见程度：★

棱枝冬青

拉丁学名：*Ilex angulata* Merr. et Chun

科　　属：冬青科　冬青属

形态特征：常绿灌木或小乔木。小枝纤细，之字形，具纵棱脊，被微柔毛，无皮孔。叶片纸质或幼时膜质，椭圆形或阔椭圆形，长 3.5 ～ 5 cm，宽 1.5 ～ 2 cm，先端渐尖，基部楔形或急尖，全缘，稍反卷，稀在近顶端具小而疏的齿，两面均无毛，亦无光泽；叶柄长 4 ～ 6 mm，腹面具沟。具花 1 ～ 3 朵的聚伞花序单生于当年生枝叶腋内，花序梗和花梗均长 3 ～ 5 mm，单花花梗长约 10 mm；花粉红色，5 基数；花冠辐状，直径 6 ～ 8 mm。果椭球形，长 6 ～ 8 mm，直径 5 ～ 6 mm，熟时红色，具纵棱，宿存花萼平展，直径约 3.5 mm，宿存柱头头状；具分核 5 粒或 6 粒。分核长约 5 mm，背部宽约 1.5 mm，具 3 条纵纹和沟，中脊常深陷，内果皮木质。花期 4 月，果期 7 ～ 10 月。

生境与分布：生于海拔 400 ～ 500 m 的山地丛林或疏林中。分布于我国广西和海南等地。

常见程度：★★

光荚含羞草

拉丁学名：*Mimosa bimucronata*（Candolle）O. Kuntze

科　　属：豆科　含羞草属

形态特征：落叶灌木，高 3 ～ 6 m。小枝无刺，密被黄色茸毛。二回羽状复叶，羽片 6 对或 7 对，长 2 ～ 6 cm，叶轴无刺，被短柔毛，小叶 12 ～ 16 对，革质，线形，长 5 ～ 7 mm，宽 1 ～ 1.5 mm，先端具小尖头，除边缘疏具缘毛外，余无毛，中脉略偏上缘。头状花序球形；花白色；花萼杯状，极小；花瓣长圆形，长约 2 mm，仅基部连合；雄蕊 8 枚，花丝长 4 ～ 5 mm。荚果带状，劲直，长 3.5 ～ 4.5 cm，宽约 6 mm，无刺毛，褐色，通常有 5 ～ 7 个荚节，熟时荚节脱落而残留荚缘。

生境与分布：常分布于荒废果园、村边路边、沟谷溪边或丘陵荒坡上，尤其偏爱河溪旁的水湿处及少乔木或无乔木、光照条件好的地段。原产于美洲热带地区。在我国广东南部沿海地区多逸生于疏林下。

常见程度：★★★

猴耳环

拉丁学名：*Archidendron clypearia*（Jack）I. C. Nielsen

科　　属：豆科　猴耳环属

形态特征：乔木。小枝无刺，有明显的棱角，密被黄褐色茸毛。托叶早落；二回羽状复叶；羽片 3 ～ 8 对；总叶柄具 4 棱，密被黄褐色柔毛，叶轴上及叶柄近基部处有腺体，最底部的羽片有小叶 3 ～ 6 对，最顶部的羽片有小叶 10 ～ 12 对，有时可达 16 对；小叶革质，斜菱形，长 1 ～ 7 cm，宽 0.7 ～ 3 cm，顶部的最大，往下渐小，腹面光亮，两面均稍被褐色短柔毛，基部极不等侧，近无柄。花具短梗，数朵聚成小头状花序，再排成圆锥花序；花萼长约 2 mm，5 齿裂，与花冠同密被褐色柔毛；花冠白色或淡黄色，长 4 ～ 5 mm；雄蕊长约为花冠的 2 倍，下部合生；子房具短柄，有毛。荚果旋卷，宽 1 ～ 1.5 cm，边缘在种子间缢缩。种子 4 ～ 10 粒，椭圆形或阔椭圆形，长约 1 cm，黑色，种皮皱缩。花期 2 ～ 6 月，果期 4 ～ 8 月。

生境与分布：生于林中。分布于我国浙江、福建、台湾、广东、广西、云南等地。亚洲热带地区广泛分布。

常见程度：★

亮叶猴耳环

拉丁学名：*Archidendron lucidum*（Benth.）I. C. Nielsen

科　　属：豆科　猴耳环属

形态特征：乔木。小枝无刺，嫩枝、叶柄和花序均被褐色短茸毛。羽片1对或2对；总叶柄近基部、每对羽片下和小叶片下的叶轴上均有圆形而凹陷的腺体，下部羽片通常具小叶2对或3对，上部羽片具小叶4对或5对；小叶斜卵形或长圆形，长5～9（11）cm，宽2～4.5 cm，顶生的一对最大，对生，余互生且较小，先端渐尖而具钝小尖头，基部略偏斜，两面均无毛或仅在叶脉上有微毛，腹面光亮，深绿色。头状花序球形，有花10～20朵，再排成圆锥花序；花萼长不及2 mm，与花冠同被褐色短茸毛；花瓣白色，长4～5 mm，中部以下合生；子房具短柄，无毛。荚果旋卷成环状，宽2～3 cm，边缘在种子间缢缩。种子黑色，长约1.5 cm，宽约1 cm。花期4～6月，果期7～12月。

生境与分布：生于疏林、密林或林缘灌木丛中。分布于我国浙江、台湾、福建、广东、广西、云南、四川等地。印度和越南也有分布。

常见程度：★★

葫芦茶

拉丁学名：*Tadehagi triquetrum*（L.）Ohashi

科　　属：豆科　葫芦茶属

形态特征： 灌木或亚灌木。幼枝三棱形，棱上被疏短硬毛，老时渐变无。叶仅具单小叶；托叶披针形，长 1.3 ～ 2 cm，有条纹；叶柄长 1 ～ 3 cm，两侧均有宽翅，翅宽 4 ～ 8 mm，与叶同质；小叶纸质，狭披针形至卵状披针形，长 5.8 ～ 13 cm，宽 1.1 ～ 3.5 cm，先端急尖，基部圆形或浅心形，腹面无毛，背面中脉或侧脉疏被短柔毛。总状花序顶生或腋生，长 15 ～ 30 cm，被贴伏丝状毛和小钩状毛；花 2 朵或 3 朵簇生于每节上；花冠淡紫色或蓝紫色，长 5 ～ 6 mm，伸出萼外。荚果长 2 ～ 5 cm，宽约 5 mm，全部密被黄色或白色糙伏毛，无网脉，腹缝线直，背缝线稍缢缩，有荚节 5 ～ 8 个，荚节近方形。种子宽椭圆形或椭圆形，长 2 ～ 3 mm，宽 1.5 ～ 2.5 mm。花期 6 ～ 10 月，果期 10 ～ 12 月。

生境与分布： 生于海拔 1400 m 以下的荒地、山地林缘或路旁。分布于我国福建、江西、广东、海南、广西、贵州、云南等地。

常见程度： ★★

胡枝子

拉丁学名：*Lespedeza bicolor* Turcz.

科　　属：豆科　胡枝子属

形态特征：直立灌木。多分枝，小枝黄色或暗褐色，有条棱，被疏短毛。羽状复叶具小叶 3 枚；托叶 2 枚，线状披针形，长 3 ～ 4.5 mm；小叶质薄，卵形、倒卵形或卵状长圆形，长 1.5 ～ 6 cm，宽 1 ～ 3.5 cm，先端钝圆或微凹，具短刺尖，基部近圆形或宽楔形，全缘，腹面绿色，无毛，背面色淡，被疏柔毛，老时渐无毛。总状花序腋生，比叶长，常构成大型的、较疏松的圆锥花序；花梗短，长约 2 mm，密被毛；花萼长约 5 mm，5 浅裂，裂片通常短于萼筒，上方 2 片裂片合生成 2 齿，裂片卵形或三角状卵形，先端尖，外面被白毛；花冠红紫色，稀白色，长约 10 mm；子房被毛。荚果斜倒卵形，稍扁，长约 10 mm，宽约 5 mm，表面具网纹，密被短柔毛。花期 7 ～ 9 月，果期 9 ～ 10 月。

生境与分布：分布于我国黑龙江、吉林、辽宁、河北、内蒙古、山西、陕西、甘肃、山东、江苏、安徽、浙江、福建、台湾、河南、湖南、广东、广西等地。

常见程度：★

钝叶黄檀

拉丁学名：*Dalbergia obtusifolia*（Baker）Prain

科　　属：豆科　黄檀属

形态特征：乔木。分枝扩展，幼枝下垂，无毛。羽状复叶长 20 ～ 30 cm；托叶早落；小叶 2 对或 3 对，近革质，椭圆形或倒卵形，有时复叶基部的小叶近圆形，顶生的小叶最大，长 5 ～ 14 cm，宽 4.5 ～ 8 cm，两端圆形或先端有时微缺，基部阔楔形，两面均无毛；小叶柄长约 5 mm。圆锥花序；花序梗和花梗均被黄色短柔毛；花萼钟状，萼齿 5 枚；花冠淡黄色，花瓣具稍长的柄；雄蕊 10 枚，单体，花丝长短相间；子房椭圆形，无毛，具长柄，有胚珠 3 颗；花柱长，柱头小。荚果长圆形至带状，长 4 ～ 8 cm，宽 1 ～ 1.5 cm，果瓣革质，对种子部分有明显网纹，有种子 1 粒或 2 粒。种子肾形，长约 10 mm，宽约 6 mm，种皮棕色，平滑。

生境与分布：生于海拔 800 ～ 1300 m 的山地疏林或河谷灌木丛中。原产于云南，广东、广西、福建、四川、贵州、湖南等地有引种栽培。

常见程度：★

千斤拔

拉丁学名：*Flemingia prostrata* Roxb. f. ex Roxb.

科　　属：豆科　千斤拔属

形态特征：直立或披散亚灌木。幼枝三棱柱状，密被灰褐色短柔毛。叶具指状小叶 3 枚；托叶线状披针形，长 0.6 ～ 1 cm，有纵纹；叶柄长 2 ～ 2.5 cm ；小叶厚纸质，长椭圆形或卵状披针形，偏斜长 4 ～ 7（9）cm，宽 1.7 ～ 3 cm，先端钝，有时具小凸尖，基部圆形，腹面被疏短柔毛，背面密被灰褐色柔毛；基出脉 3 条；小叶柄极短，密被短柔毛。总状花序腋生，通常长 2 ～ 2.5 cm，各部密被灰褐色至灰白色柔毛；花密生，具短梗；萼裂片披针形，远较萼管长，被灰白色长伏毛；花冠紫红色，约与花萼等长；雄蕊二体；子房被毛。荚果椭圆状，长 7 ～ 8 mm，宽约 5 mm，被短柔毛。种子 2 粒，近圆球形，黑色。花果期夏秋季。

生境与分布：常生于海拔 50 ～ 300 m 的平地旷野或山坡、路旁、草地上。分布于我国云南、四川、贵州、湖北、湖南、广西、广东、海南、江西、福建、台湾等地。菲律宾也有分布。

常见程度：★

破布叶

拉丁学名：*Microcos paniculata* L.

科　　属：椴树科　破布叶属

形态特征：灌木或小乔木，高 3 ~ 12 m。树皮粗糙。嫩枝有毛。叶片薄革质，卵状长圆形，长 8 ~ 18 cm，宽 4 ~ 8 cm，先端渐尖，基部圆形，两面初时均有极稀疏星状柔毛，之后变秃净，三出脉的两侧脉从基部发出，向上行超过叶片中部，边缘有细钝齿；叶柄长 1 ~ 1.5 cm，被毛；托叶线状披针形，长 5 ~ 7 mm。顶生圆锥花序长 4 ~ 10 cm，被星状柔毛；苞片披针形；花柄短小；萼片长圆形，长 5 ~ 8 mm，外面有毛；花瓣长圆形，长 3 ~ 4 mm，下半部有毛；腺体长约 2 mm；雄蕊多数，比萼片短；子房球形，无毛；柱头锥形。核果近球形或倒卵形，长约 1 cm；果柄短。花期 6 ~ 7 月。

生境与分布：分布于我国广东、广西、云南等地。中南半岛、印度及印度尼西亚也有分布。

常见程度：★

橄榄

拉丁学名：*Canarium album*（Lour.）Raeusch.

科　　属：橄榄科　橄榄属

形态特征：乔木。幼枝被黄棕色茸毛，很快变无毛。有托叶，仅芽时存在。小叶 3 ～ 6 对，纸质至革质，披针形或椭圆形（至卵形），长 6 ～ 14 cm，宽 2 ～ 5.5 cm，无毛或在背面叶脉上散生刚毛，背面有极细小疣状突起；先端渐尖至骤狭渐尖；基部楔形至圆形，偏斜，全缘；侧脉 12 ～ 16 对。花序腋生，微被茸毛至无毛；雄花序为聚伞圆锥花序，长 15 ～ 30 cm，多花；雌花序为总状花序，长 3 ～ 6 cm，具花 12 朵以下；花疏被茸毛至无毛，雄花长 5.5 ～ 8 mm，雌花长约 7 mm；花萼长 2.5 ～ 3 mm，在雄花上具 3 浅齿，在雌花上近截平；雄蕊 6 枚，无毛；雌蕊密被短柔毛。果卵圆形至纺锤形，横切面近圆形，长 2.5 ～ 3.5 cm，无毛，熟时黄绿色；外果皮厚，干时有皱纹；果核渐尖。花期 4 ～ 5 月，果期 10 ～ 12 月。

生境与分布：生于海拔 1300 m 以下的沟谷和山坡杂木林中，或栽培于庭园、村旁。原产于我国南方。越南北部至中部、老挝、柬埔寨、印度也有分布。

常见程度：★★

黄杞

拉丁学名：*Engelhardia roxburghiana* Wall.

科　　属：胡桃科　黄杞属

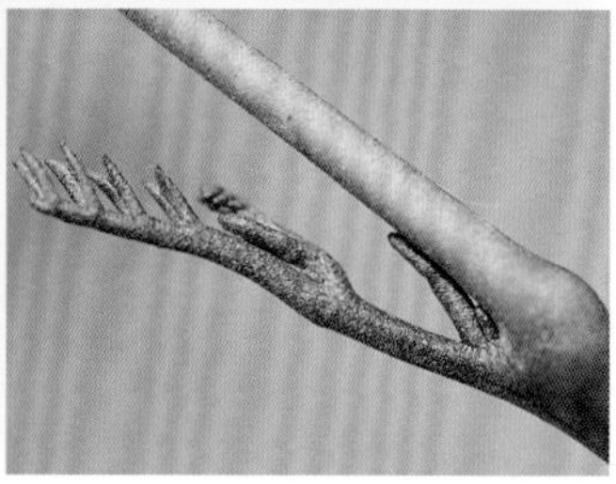

形态特征：半常绿乔木。全体无毛，被有橙黄色盾状着生的圆形腺体。偶数羽状复叶长 12 ～ 25 cm，叶柄长 3 ～ 8 cm，小叶 3 ～ 5 对，叶片革质，长 6 ～ 14 cm，宽 2 ～ 5 cm，长椭圆状披针形至长椭圆形，全缘，顶端渐尖或短渐尖，基部歪斜，两面均具光泽，侧脉 10 ～ 13 对。雌雄同株或稀异株；雌花序 1 条及雄花序数条长而俯垂，生疏散的花，常形成一顶生的圆锥状花序束；雄花无柄或近无柄，花被片 4 片，兜状；雄蕊 10 ～ 12 枚，几乎无花丝；雌花有长约 1 mm 的花柄，花被片 4 片，贴生于子房；无花柱，柱头 4 裂。果序长 15 ～ 25 cm；果实坚果状，球形，直径约 4 mm，外果皮膜质，内果皮骨质，3 裂的苞片托于果实基部；苞片的中间裂片长约为两侧裂片长的 2 倍，中间的裂片长 3 ～ 5 cm，宽 0.7 ～ 1.2 cm，长矩圆形，顶端钝圆。花期 5 ～ 6 月，果期 8 ～ 9 月。

生境与分布：生于海拔 200 ～ 1500 m 的林中。分布于我国台湾、广东、广西、湖南、贵州、四川、云南等地。印度、缅甸、泰国、越南也有分布。

常见程度：★

牛耳枫

拉丁学名：*Daphniphyllum calycinum* Benth.

科　　属：虎皮楠科　虎皮楠属

形态特征：灌木。叶片纸质，阔椭圆形或倒卵形，长 12 ～ 16 cm，宽 4 ～ 9 cm，先端钝形或圆形，具短尖头，基部阔楔形，全缘，略反卷，干后两面均绿色，叶腹面具光泽，背面多少被白粉，具细小乳突体，侧脉 8 ～ 11 对，在叶腹面清晰，背面凸起；叶柄长 4 ～ 8 cm，腹面平或略具槽，直径约 2 mm。总状花序腋生，长 2 ～ 3 cm；雄花花梗长 8 ～ 10 mm，花萼盘状，直径约 4 mm，3 浅裂或 4 浅裂；雄蕊 9 枚或 10 枚，长约 3 mm，花药侧向压扁，药隔发达伸长，花丝极短；雌花花梗长 5 ～ 6 mm，萼片 3 片或 4 片，长约 1.5 mm；花柱短，柱头 2 个，直立，先端外弯。果序长 4 ～ 5 cm，密集排列；果卵圆形，较小，长约 7 mm，被白粉，具小疣状突起，先端具宿存柱头，基部具宿萼。花期 4 ～ 6 月，果期 8 ～ 11 月。

生境与分布：生于海拔（60）250 ～ 700 m 的疏林或灌木丛中。分布于我国广西、广东、福建、江西等地。越南和日本也有分布。

常见程度：★★★

羊角拗

拉丁学名：*Strophanthus divaricatus*（Lour.）Hook. et Arn.

科　　属：夹竹桃科　羊角拗属

形态特征：灌木。全株无毛，上部枝条蔓延，小枝圆柱形，密被皮孔。叶片薄纸质，椭圆状长圆形或椭圆形，长 3 ～ 10 cm，宽 1.5 ～ 5 cm，顶端短渐尖或急尖，基部楔形，边缘全缘或有时略带微波状，叶腹面深绿色，背面浅绿色；叶柄短，长约 5 mm。聚伞花序顶生，通常着花 3 朵；花冠漏斗状，花冠筒淡黄色，长 1.2 ～ 1.5 cm，下部圆筒状，上部渐扩大呈钟状，内面被疏短柔毛，花冠裂片顶端延长成长尾带状，长达 10 cm，裂片内面具由 10 片舌状鳞片组成的副花冠，高出花冠喉部，白黄色，鳞片每 2 片基部合生；雄蕊内藏，着生于冠檐基部，药隔顶部渐尖成一尾状体，不伸出花冠喉部，各药相连，腹部粘于柱头上。蓇葖广叉开，木质，椭圆状长圆形，长 10 ～ 15 cm，直径 2 ～ 3.5 cm。花期 3 ～ 7 月，果期 6 月至翌年 2 月。

生境与分布：生于丘陵山地、路旁疏林或山坡灌木丛中。分布于我国贵州、云南、广西、广东、福建等地。越南、老挝也有分布。

常见程度：★

草珊瑚

拉丁学名：*Sarcandra glabra*（Thunb.）Nakai

科　　属：金粟兰科　草珊瑚属

形态特征：常绿半灌木，高 50 ～ 120 cm。茎与枝均有膨大的节。叶片革质，椭圆形、卵形至卵状披针形，长 6 ～ 17 cm，宽 2 ～ 6 cm，顶端渐尖，基部尖或楔形，边缘具粗锐锯齿，齿尖有一腺体，两面均无毛；叶柄长 0.5 ～ 1.5 cm，基部合生成鞘状；托叶钻形。穗状花序顶生，通常分枝，多少呈圆锥花序状，连花序梗长 1.5 ～ 4 cm；苞片三角形；花黄绿色；雄蕊 1 枚，肉质，棒状至圆柱状，花药 2 室，生于药隔上部两侧，侧向或有时内向；子房球形或卵形，无花柱，柱头近头状。核果球形，直径 3 ～ 4 mm，熟时亮红色。花期 6 月，果期 8 ～ 10 月。

生境与分布：常生于海拔 400 ～ 1500 m 的山坡、沟谷常绿阔叶林下阴湿处。分布于我国安徽、浙江、江西、福建、台湾、广东、广西、湖南、四川、贵州、云南等地。

常见程度：★★

浆果楝

拉丁学名：*Cipadessa baccifera*（Roth.）Miq.

科　　属：楝科　浆果楝属

形态特征： 灌木或小乔木。嫩枝灰褐色，有棱，被黄色柔毛，并散生灰白色皮孔。叶连柄长 20 ～ 30 cm，叶轴和叶柄圆柱形，被黄色柔毛；小叶通常 4 ～ 6 对，对生，纸质，卵形至卵状长圆形，长 5 ～ 10 cm，宽 3 ～ 5 cm，下部的小叶远较顶端的小，先端渐尖或急尖，基部圆形或宽楔形，偏斜，两面均被紧贴的灰黄色柔毛，背面尤密，侧脉每边 8 ～ 10 条，斜举。圆锥花序腋生，长 10 ～ 15 cm，分枝伞房花序式，与总轴均被黄色柔毛；花直径 3 ～ 4 mm，具短梗，长 1.5 ～ 2 mm；花瓣白色至黄色，线状长椭圆形，外被紧贴的疏柔毛，长 2 ～ 3 mm；雄蕊管和花丝外面无毛，里面被疏毛，花药 10 枚。核果小，球形，直径约 5 mm，熟后紫黑色。花期 4 ～ 10 月，果期 8 ～ 12 月。

生境与分布： 多生长于山地疏林或灌木林中。分布于我国广西、四川、贵州、云南等地。越南也有分布。

常见程度： ★

楝

拉丁学名：*Melia azedarach* L.

科　　属：楝科　楝属

形态特征：落叶乔木。树皮纵裂；分枝广展，小枝有叶痕。叶为二回或三回奇数羽状复叶，长 20 ～ 40 cm；小叶对生，卵形、椭圆形至披针形，顶生叶片通常略大，长 3 ～ 7 cm，宽 2 ～ 3 cm，先端短渐尖，基部楔形或宽楔形，多少偏斜，边缘有钝锯齿，幼时被星状毛。圆锥花序约与叶等长，无毛或幼时被鳞片状短柔毛；花芳香；花萼 5 深裂；花瓣淡紫色，倒卵状匙形，长约 1 cm，两面均被微柔毛；雄蕊管紫色，长 7 ～ 8 mm，有纵细脉，管口有钻形、2 齿裂或 3 齿裂的狭裂片 10 片，花药 10 枚，着生于裂片内侧，且与裂片互生。核果球形至椭圆形，长 1 ～ 2 cm，宽 8 ～ 15 mm，内果皮木质，4 室或 5 室，每室有种子 1 粒。种子椭圆形。花期 4 ～ 5 月，果期 10 ～ 12 月。

生境与分布：生于低海拔旷野、路旁或疏林中。分布于我国黄河以南各地。

常见程度：★★★

白花灯笼

拉丁学名：*Clerodendrum fortunatum* L.

科　　属：马鞭草科　大青属

形态特征：灌木，高可达 2.5 m。嫩枝密被黄褐色短柔毛，小枝暗棕褐色，髓疏松，干后不中空。叶片纸质。聚伞花序腋生，较叶短；花萼红紫色，膨大形似灯笼；花冠淡红色或白色稍带紫色。核果近球形，熟时深蓝绿色，藏于宿萼内。花果期 6 ～ 11 月。

生境与分布：生于海拔 1000 m 以下的丘陵、山坡、路边、村旁和旷野。分布于我国江西、福建、广东、广西等地。

常见程度：★★★

赪桐

拉丁学名：*Clerodendrum japonicum*（Thunb.）Sweet

科　　属：马鞭草科　大青属

形态特征：灌木。小枝四棱形，老枝近无毛或被短柔毛，同对叶柄之间密被长柔毛。叶片圆心形，长 8 ～ 35 cm，宽 6 ～ 27 cm，顶端尖或渐尖，基部心形，边缘有疏短尖齿，腹面疏生伏毛，脉基具较密的锈褐色短柔毛，背面密具锈黄色盾形腺体。二歧聚伞花序组成顶生、大而开展的圆锥花序，长 15 ～ 34 cm，宽 13 ～ 35 cm，花序的最后侧枝呈总状花序，长可达 16 cm；花萼红色，散生盾形腺体，5 深裂；花冠红色，稀白色，花冠管长 1.7 ～ 2.2 cm，外面具微毛，里面无毛，顶端 5 裂，裂片开展，长 1 ～ 1.5 cm；子房无毛，4 室；柱头 2 浅裂，与雄蕊均长突出于花冠外。果实椭圆状球形，绿色或蓝黑色，直径 7 ～ 10 mm，常分裂成分核 2 ～ 4 粒，宿萼增大，初包被果实，后向外反折成星状。花果期 5 ～ 11 月。

生境与分布：生于低海拔山谷、溪边、疏林中、林缘或灌木丛中。分布于我国江苏、浙江、江西、湖南、福建、台湾、广东、广西、四川、贵州、云南、海南等地。印度东北部、孟加拉国、不丹、中南半岛、马来西亚、日本也有分布。

常见程度：★★

大青

拉丁学名：*Clerodendrum cyrtophyllum* Turcz.

科　　属：马鞭草科　大青属

形态特征：灌木或小乔木。幼枝被短柔毛，枝黄褐色，髓坚实。叶片纸质，椭圆形、卵状椭圆形、长圆形或长圆状披针形，长 6 ～ 20 cm，宽 3 ～ 9 cm，顶端渐尖或急尖，基部圆形或宽楔形，通常全缘，两面均无毛或沿脉疏生短柔毛，背面常有腺点，侧脉 6 ～ 10 对。伞房状聚伞花序，长 10 ～ 16 cm，宽 20 ～ 25 cm；苞片线形，长 3 ～ 7 mm；花小，有橘香味；萼杯状，外面被黄褐色短茸毛和不明显的腺点，长 3 ～ 4 mm，顶端 5 裂；花冠白色，外面疏生细毛和腺点，花冠管细长，长约 1 cm，顶端 5 裂，裂片卵形，长约 5 mm；雄蕊 4 枚，与花柱同伸出花冠外；子房 4 室，每室具 1 颗胚珠，常不完全发育；柱头 2 浅裂。果实球形或倒卵形，直径 5 ～ 10 mm，绿色，熟时蓝紫色，为红色的宿萼所托。花果期 6 月至翌年 2 月。

生境与分布：生于海拔 1700 m 以下的平原、路旁、丘陵、山地林下或溪谷旁。分布于我国华东、中南、西南地区（四川除外）。

常见程度：★★★

海通

拉丁学名：*Clerodendrum mandarinorum* Diels

科　　属：马鞭草科　大青属

形态特征：灌木或乔木。幼枝略呈四棱形，密被黄褐色茸毛，髓具明显的黄色薄片状横隔。叶片近革质，卵状椭圆形、卵形、宽卵形至心形，长 10 ~ 27 cm，宽 6 ~ 20 cm，顶端渐尖，基部截形、近心形或稍偏斜，腹面绿色，被短柔毛，背面密被灰白色茸毛。伞房状聚伞花序顶生，分枝多，疏散，花序梗至花柄均密被黄褐色茸毛；花萼小，钟状，长 3 ~ 4 mm，密被短柔毛和少数盘状腺体，萼齿尖细，钻形，长 1.5 ~ 2.5 mm；花冠白色或偶为淡紫色，有香气，外被短柔毛，花冠管纤细，长 7 ~ 10 mm，裂片长圆形，长约 3.5 mm；雄蕊及花柱伸出花冠外。核果近球形，幼时绿色，成熟后蓝黑色，干后果皮常皱成网状，宿萼增大，红色，包裹果实一半以上。花果期 7 ~ 12 月。

生境与分布：生于海拔 250 ~ 2200 m 的溪边、路旁或丛林中。分布于我国江西、湖南、湖北、广东、广西、四川、云南、贵州等地。越南北部也有分布。

常见程度：★

红紫珠

拉丁学名：*Callicarpa rubella* Lindl.

科　　属：马鞭草科　紫珠属

形态特征：灌木。小枝被黄褐色星状毛并杂有多细胞的腺毛。叶片倒卵形或倒卵状椭圆形，长 10 ~ 14（21）cm，宽 4 ~ 8（10）cm，顶端尾尖或渐尖，基部心形，有时偏斜，边缘具细锯齿或不整齐的粗齿，腹面稍被多细胞的单毛，背面被星状毛并杂有单毛和腺毛，有黄色腺点，侧脉 6 ~ 10 对，主脉、侧脉和细脉在两面均稍隆起；叶柄极短或近无柄。聚伞花序宽 2 ~ 4 cm，被毛与小枝同；花序梗长 1.5 ~ 3 cm，苞片细小；花萼被星状毛或腺毛，具黄色腺点，萼齿钝三角形或不明显；花冠紫红色、黄绿色或白色，长约 3 mm，外被细毛和黄色腺点；雄蕊长为花冠的 2 倍，药室纵裂；子房有毛。果实紫红色，直径约 2 mm。花期 5 ~ 7 月，果期 7 ~ 11 月。

生境与分布：生于海拔 300 ~ 1900 m 的山坡、河谷的林中或灌木丛中。分布于我国安徽、浙江、江西、湖南、广东、广西、四川、贵州、云南等地。印度、缅甸、越南、泰国、印度尼西亚、马来西亚也有分布。

常见程度：★

醉香含笑

拉丁学名：*Michelia macclurei* Dandy

科　　属：木兰科　含笑属

形态特征：乔木。树皮灰白色，光滑不开裂。芽、嫩枝、叶柄、托叶及花梗均被紧贴而有光泽的红褐色短茸毛。叶片革质，倒卵形、椭圆状倒卵形、菱形或长圆状椭圆形，长7～14 cm，宽5～7 cm，先端短急尖或渐尖，基部楔形或宽楔形，背面被灰色毛杂有褐色平伏短茸毛，侧脉每边10～15条，纤细，网脉细，蜂窝状；叶柄长2.5～4 cm，腹面具狭纵沟，无托叶痕。花梗长1～1.3 cm；花被片白色，通常9片，匙状倒卵形或倒披针形，长3～5 cm；雄蕊长1～2 cm，花药长0.8～1.4 cm，药隔伸出成约1 mm的短尖头，花丝红色，长约1 mm；雌蕊群长1.4～2 cm，雌蕊群柄长1～2 cm。聚合果长3～7 cm；蓇葖长1～3 cm，宽约1.5 cm，疏生白色皮孔；沿腹背二瓣开裂。种子1～3粒，红色。花期3～4月，果期9～11月。

生境与分布：生于海拔500～1000 m的密林中。分布于我国广东、海南、广西等地。越南北部也有分布。

常见程度：★

漆

拉丁学名：*Toxicodendron vernicifluum*（Stokes）F. A. Barkl.

科　　属：漆树科　漆属

形态特征：落叶乔木。树皮呈不规则纵裂。小枝粗壮，初时被棕黄色柔毛，后变无毛，具圆形或心形的大叶痕和凸起的皮孔。顶芽大而显著，被棕黄色茸毛。奇数羽状复叶互生，常螺旋状排列，有小叶 4 ～ 6 对，叶轴圆柱形，被微柔毛；叶柄长 7 ～ 14 cm，被微柔毛，近基部膨大；小叶膜质至薄纸质，卵形、卵状椭圆形或长圆形，长 6 ～ 13 cm，宽 3 ～ 6 cm，先端急尖或渐尖，基部偏斜，全缘，背面沿脉上被平展黄色柔毛，稀近无毛，侧脉 10 ～ 15 对。圆锥花序长 15 ～ 30 cm，与叶近等长，被微柔毛，疏花；花黄绿色；花萼无毛；花瓣长约 2.5 mm，具细密的褐色羽状脉纹，开花时外卷；雄蕊长约 2.5 mm，花盘 5 浅裂，无毛；子房球形；花柱 3 枚。果序多少下垂，核果肾形或椭圆形，不偏斜，略压扁状，长 5 ～ 6 mm。花期 5 ～ 6 月，果期 7 ～ 10 月。

生境与分布：生于向阳山坡林内，也有人工栽培，大多分布在山脚、山腰等海拔较低的地方。我国除黑龙江、吉林、内蒙古和新疆外，各地均有分布。印度、朝鲜、日本也有分布。

常见程度：★

野漆

拉丁学名：*Toxicodendron succedaneum*（L.）O. Kuntze

科　　属：漆树科　漆属

形态特征：落叶乔木或小乔木。小枝粗壮，无毛。奇数羽状复叶互生，常集生于小枝顶端，无毛，长 25 ～ 35 cm，有小叶 4 ～ 7 对；小叶对生或近对生，坚纸质至薄革质，长圆状椭圆形、阔披针形或卵状披针形，长 5 ～ 16 cm，宽 2 ～ 5.5 cm，先端渐尖或长渐尖，基部多少偏斜，全缘，两面均无毛，叶背常具白粉，侧脉 15 ～ 22 对，弧形上升，两面均略突；小叶柄长 2 ～ 5 mm。圆锥花序长 7 ～ 15 cm，为叶长之半，多分枝，无毛；花黄绿色，直径约 2 mm；花瓣长圆形，先端钝，长约 2 mm，中部具不明显的羽状脉或近无脉，开花时外卷；雄蕊伸出，花丝线形，长约 2 mm；子房无毛；花柱 1 枚，柱头 3 裂。核果大，偏斜，直径 7 ～ 10 mm，压扁状，先端偏离中心，外果皮薄，淡黄色，无毛，果核坚硬，压扁状。

生境与分布：生于海拔 1500 m 以下的林中。分布于我国华北地区及长江以南各地。印度、中南半岛、朝鲜、日本也有分布。

常见程度：★★★

盐肤木

拉丁学名：*Rhus chinensis* Mill.

科　　属：漆树科　盐肤木属

形态特征：落叶小乔木或灌木。小枝棕褐色，被锈色柔毛，具圆形小皮孔。奇数羽状复叶有小叶（2）3～6对，叶轴具宽的叶状翅，小叶自下而上逐渐增大，叶轴和叶柄密被锈色柔毛；小叶卵形、椭圆状卵形或长圆形，长6～12 cm，宽3～7 cm，先端急尖，基部圆形，顶生小叶基部楔形，边缘具粗锯齿或圆齿，背面被白粉，腹面沿中脉疏被柔毛或近无毛，背面被锈色柔毛；小叶无柄。圆锥花序宽大，多分枝，雄花序长30～40 cm，雌花序较短，密被锈色柔毛；花白色，花梗长约1 mm，被微柔毛；雌花花瓣长约1.6 mm，边缘具细睫毛；花盘无毛；花柱3枚。核果球形，略压扁状，直径4～5 mm，被具节柔毛和腺毛，常有析出的盐霜，熟时红色，果核直径3～4 mm。花期8～9月，果期10月。

生境与分布：生于向阳山坡、沟谷、溪边的疏林或灌木丛中。我国除东北、内蒙古和新疆外，各地均有分布。

常见程度：★★★

苎麻

拉丁学名：*Boehmeria nivea*（L.）Gaudich.

科　　属：荨麻科　苎麻属

形态特征：亚灌木或灌木。茎上部与叶柄均密被开展的长硬毛和近开展或贴伏的短糙毛。叶互生；叶片草质，通常圆卵形或宽卵形，少数卵形，长 6 ～ 15 cm，宽 4 ～ 11 cm，顶端骤尖，基部近截形或宽楔形，边缘在基部之上有齿牙，腹面稍粗糙，疏被短伏毛，背面密被雪白色毡毛，侧脉约 3 对；托叶分生，钻状披针形，长 7 ～ 11 mm。圆锥花序腋生，或植株上部的花为雌性，其下的花为雄性，或全为雌性；雄团伞花序直径 1 ～ 3 mm；雌团伞花序直径 0.5 ～ 2 mm，有多数密集的雌花；雄花花被片 4 片；雄蕊 4 枚，长约 2 mm；雌花花被椭圆形，长 0.6 ～ 1 mm，顶端有 2 小齿或 3 小齿，外面有短柔毛；柱头丝形，长 0.5 ～ 0.6 mm。瘦果近球形，长约 0.6 mm，光滑，基部突缩成细柄。花期 8 ～ 10 月。

生境与分布：生于山谷林边或草坡。分布于我国云南、贵州、广西、广东、福建、江西、台湾、浙江、湖北、四川等地。越南、老挝也有分布。

常见程度：★★★

牛白藤

拉丁学名：*Hedyotis hedyotidea*（DC.）Merr.

科　　属：茜草科　耳草属

形态特征：藤状灌木，触之有粗糙感。嫩枝方柱形，被粉末状柔毛。叶对生，叶片膜质，长卵形或卵形，长 4 ～ 10 cm，宽 2.5 ～ 4 cm，顶端短尖或短渐尖，基部楔形或钝形，腹面粗糙，背面被柔毛；侧脉每边 4 条或 5 条，柔弱斜向上伸，在腹面下陷；叶柄长 3 ～ 10 mm，腹面有槽；托叶长 4 ～ 6 mm，顶部截平，有 4 ～ 6 条刺状毛。花序腋生或顶生，由花 10 ～ 20 朵集聚而成一伞形花序；花 4 数，有长约 2 mm 的花梗；花冠白色，管形，长 10 ～ 15 mm；雄蕊二型，内藏或伸出；花丝基部具须毛；柱头 2 裂，裂片长约 1 mm，被毛。蒴果近球形，长约 3 mm，直径约 2 mm，宿存萼檐裂片外反，熟时室间开裂为 2 果爿，果爿腹部直裂，顶部高出萼檐裂片。种子数粒，微小，具棱。花期 4 ～ 7 月。

生境与分布：生于山谷、坡地、林下、灌木丛中。分布于我国广东、广西、云南、贵州、福建、台湾等地。

常见程度：★★★

九节

拉丁学名：*Psychotria asiatica* Wall.

科　　属：茜草科　九节属

形态特征：灌木或小乔木。叶对生，叶片纸质或革质，长圆形、椭圆状长圆形或倒披针状长圆形，稀长圆状倒卵形，长 5 ～ 23.5 cm，宽 2 ～ 9 cm，顶端渐尖、急渐尖或短尖而尖头常钝，基部楔形，全缘，鲜时稍光亮，脉腋内常有束毛，侧脉 5 ～ 15 对；托叶膜质，短鞘状，顶部不裂，长 6 ～ 8 mm，脱落。聚伞花序通常顶生，无毛或极稀有极短的柔毛，多花，花序梗常极短，近基部三分歧，常呈伞房状或圆锥状；花梗长 1 ～ 2.5 mm；萼管杯状，长约 2 mm；花冠白色，冠管长 2 ～ 3 mm，宽约 2.5 mm，喉部被白色长柔毛，花冠裂片近三角形，长 2 ～ 2.5 mm，宽约 1.5 mm，开放时反折；雄蕊与花冠裂片互生；柱头 2 裂。核果球形或宽椭圆形，长 5 ～ 8 mm，直径 4 ～ 7 mm，具纵棱，红色；小核背面凸起，具纵棱，正面平而光滑。花果期全年。

生境与分布：生于海拔 20 ～ 1500 m 的平地、丘陵、山坡、山谷溪边的灌木丛或林中。分布于我国浙江、福建、台湾、湖南、广东、香港、海南、广西、贵州、云南等地。日本、越南、老挝、柬埔寨、马来西亚、印度也有分布。

常见程度：★★★

水锦树

拉丁学名：*Wendlandia uvariifolia* Hance

科　　属：茜草科　水锦树属

形态特征：灌木或乔木。小枝被锈色硬毛。叶片纸质，宽椭圆形、长圆形、卵形或长圆状披针形，长 7 ～ 26 cm，宽 4 ～ 14 cm，顶端短渐尖或骤然渐尖，基部楔形或短尖，腹面散生短硬毛，稍粗糙，在脉上有锈色短柔毛，背面密被灰褐色柔毛；侧脉 8 ～ 12 对；托叶宿存，有硬毛，基部宽，上部扩大呈圆形，反折，宽约为小枝的 2 倍。圆锥状的聚伞花序顶生，被灰褐色硬毛，分枝广展，多花；小苞片线状披针形，约与花萼等长或稍短，被柔毛；花小，无花梗，常数朵簇生；花萼长 1.5 ～ 2 mm，密被灰白色长硬毛；花冠漏斗状，白色，长 3.5 ～ 4 mm，外面无毛，喉部有白色硬毛，裂片长约 1 mm，开放时外反。蒴果小，球形，直径 1 ～ 2 mm，被短柔毛。花期 1 ～ 5 月，果期 4 ～ 10 月。

生境与分布：生于林下或溪边。分布于我国台湾、广东、广西、海南、贵州、云南等地。

常见程度：★★★

白花苦灯笼

拉丁学名：*Tarenna mollissima*（Hook. et Arn.）Robins.

科　　属：茜草科　乌口树属

形态特征：灌木或小乔木。全株密被灰色或褐色柔毛或短茸毛，但老枝毛渐脱落。叶片纸质，披针形、长圆状披针形或卵状椭圆形，长 4.5 ～ 25 cm，宽 1 ～ 10 cm，顶端渐尖或长渐尖，基部楔尖、短尖或钝圆，干后变黑褐色；侧脉 8 ～ 12 对；叶柄长 0.4 ～ 2.5 cm；托叶长 5 ～ 8 mm，卵状三角形，顶端尖。伞房状聚伞花序顶生，长 4 ～ 8 cm，多花；苞片和小苞片线形；花梗长 3 ～ 6 mm；萼管近钟形，长约 2 mm，裂片 5 片，三角形，长约 0.5 mm；花冠白色，长约 1.2 cm，喉部密被长柔毛，裂片 4 片或 5 片，长圆形，与冠管近等长或稍长，开放时外反；雄蕊 4 枚或 5 枚，花丝长 1 ～ 1.2 mm，花药线形，长约 5 mm；花柱中部被长柔毛。果近球形，直径 5 ～ 7 mm，被柔毛，黑色，有种子 7 ～ 30 粒。花期 5 ～ 7 月，果期 5 月至翌年 2 月。

生境与分布：生于海拔 200 ～ 1100 m 的山地、丘陵、沟边的林中或灌木丛中。分布于我国浙江、江西、福建、湖南、广东、香港、广西、海南、贵州、云南等地。越南也有分布。

常见程度：★

楠藤

拉丁学名：*Mussaenda erosa* Champ.

科　　属：茜草科　玉叶金花属

形态特征：攀缘灌木。小枝无毛。叶对生，叶片纸质，长圆形、卵形至长圆状椭圆形，长 6 ～ 12 cm，宽 3.5 ～ 5 cm，顶端短尖至长渐尖，基部楔形，老叶两面无毛；侧脉 4 ～ 6 对；叶柄长 1 ～ 1.5 cm；托叶长三角形，长约 8 mm，无毛或有短硬毛，2 深裂。伞房状多歧聚伞花序顶生，花序梗较长，花疏生；苞片线状披针形，长 3 ～ 4 mm，几无毛；花梗短；花萼管椭圆形，长 3 ～ 3.5 mm，无毛；花叶阔椭圆形，长 4 ～ 6 cm，宽 3 ～ 4 cm，有纵脉 5 ～ 7 条，顶端圆或短尖，基部骤窄，柄长 0.9 ～ 1 cm，无毛；花冠橙黄色，花冠管外面有柔毛，喉部内面密被棒状毛，花冠裂片卵形，长约 5 mm，宽与长近相等，顶端锐尖，内面有黄色小疣突。浆果近球形或阔椭圆形，长 10 ～ 13 mm，直径 8 ～ 10 mm，无毛，顶部有萼檐脱落后的环状疤痕，果柄长 3 ～ 4 mm。花期 4 ～ 7 月，果期 9 ～ 12 月。

生境与分布：常攀缘于疏林乔木树冠上。分布于我国广东、香港、广西、云南、四川、贵州、福建、海南、台湾等地。中南半岛和琉球群岛也有分布。

常见程度：★★

玉叶金花

拉丁学名：*Mussaenda pubescens* Ait. F. Hort. Kew. Ed.

科　属：茜草科　玉叶金花属

形态特征：攀缘灌木。嫩枝被贴伏短柔毛。叶对生或轮生，叶片膜质或薄纸质，卵状长圆形或卵状披针形，长 5 ～ 8 cm，宽 2 ～ 2.5 cm，顶端渐尖，基部楔形，腹面近无毛或疏被毛，背面密被短柔毛；叶柄长 3 ～ 8 mm，被柔毛；托叶三角形，长 5 ～ 7 mm，2 深裂，裂片钻形，长 4 ～ 6 mm。聚伞花序顶生，密花；花萼管陀螺形，长 3 ～ 4 mm，被柔毛，萼裂片线形，通常比花萼管长 2 倍以上，基部密被柔毛，向上毛渐稀疏；花叶阔椭圆形，长 2.5 ～ 5 cm，宽 2 ～ 3.5 cm，有纵脉 5 ～ 7 条，柄长 1 ～ 2.8 cm，两面均被柔毛；花冠黄色，花冠管长约 2 cm，外面被贴伏短柔毛，内面喉部密被毛，花冠裂片长约 4 mm，内面密生金黄色小疣突；花柱短，内藏。浆果近球形，长 8 ～ 10 mm，直径 6 ～ 7.5 mm，顶部有萼檐脱落后的环状疤痕，干时黑色。花期 6 ～ 7 月。

生境与分布：生于丘陵山坡、灌木丛、林缘、沟谷、山野、路旁等地。分布于我国广东、香港、海南、广西、福建、湖南、江西、浙江、台湾等地。

常见程度：★★★

栀子

拉丁学名：*Gardenia jasminoides* Ellis

科　　属：茜草科　栀子属

形态特征：灌木。嫩枝常被短毛，枝圆柱形，灰色。叶对生，叶片革质，稀为纸质，少为3枚轮生，叶形多样，通常为长圆状披针形、倒卵状长圆形、倒卵形或椭圆形，长3～25 cm，宽1.5～8 cm，两面常无毛，腹面亮绿色；侧脉8～15对；托叶膜质。花芳香，通常单朵生于枝顶，花梗长3～5 mm；萼管具纵棱，萼檐管形，膨大，顶部5～8裂，通常6裂，裂片披针形或线状披针形，长10～30 mm，宽1～4 mm，结果时增长，宿存；花冠白色或乳黄色，高脚碟状，喉部有疏柔毛，冠管顶部5～8裂，通常6裂；花丝极短，花药线形，长1.5～2.2 cm，伸出；花柱粗厚，长约4.5 cm。果黄色或橙红色，长1.5～7 cm，直径1.2～2 cm，有翅状纵棱5～9条，顶部的宿存萼片长达4 cm，宽达6 mm。种子多数。花期3～7月，果期5月至翌年2月。

生境与分布：生于旷野、丘陵、山谷、山坡、溪边的灌木丛或林中。分布于我国山东、江苏、安徽、浙江、江西、福建、台湾、湖北、湖南、广东、香港、广西、海南、四川、贵州、云南等地。日本、朝鲜、越南、老挝、柬埔寨、印度、尼泊尔、巴基斯坦、美洲北部及太平洋各岛屿有野生或栽培。

常见程度：★

石斑木

拉丁学名：*Rhaphiolepis indica*（L.）Lindl.

科　　属：蔷薇科　石斑木属

形态特征：常绿灌木，稀小乔木。幼枝初被褐色茸毛，以后逐渐脱落近于无毛。叶片集生于枝顶，卵形、长圆形，稀倒卵形或长圆披针形，长（2）4～8 cm，宽 1.5～4 cm，先端圆钝，急尖、渐尖或长尾尖，基部渐狭连于叶柄，边缘具细钝锯齿，腹面光亮，背面色淡，网脉明显；叶柄长 5～18 mm，近于无毛；托叶钻形，长 3～4 mm，脱落。顶生圆锥花序或总状花序，花序梗和花梗被锈色茸毛，花梗长 5～15 mm；花直径 1～1.3 cm；萼筒筒状，长 4～5 mm，边缘及内外面均有褐色茸毛，或无毛；萼片 5 片；花瓣 5 片，白色或淡红色，倒卵形或披针形，长 5～7 mm，宽 4～5 mm，先端圆钝，基部具柔毛；雄蕊 15 枚，与花瓣等长或稍长；花柱 2～3 枚，基部合生，近无毛。果实球形，紫黑色，直径约 5 mm。花期 4 月，果期 7～8 月。

生境与分布：生于海拔 150～1600 m 的山坡、路边或溪边灌木林中。分布于我国安徽、浙江、江西、湖南、贵州、云南、福建、广东、广西、台湾等地。日本、老挝、越南、柬埔寨、泰国、印度尼西亚也有分布。

常见程度：★

粗叶悬钩子

拉丁学名：*Rubus alceifolius* Poir.

科　　属：蔷薇科　悬钩子属

形态特征：攀缘灌木。枝被黄灰色至锈色茸毛状长柔毛，有稀疏皮刺。单叶，近圆形或宽卵形，长 6 ～ 16 cm，宽 5 ～ 14 cm，顶端圆钝，稀急尖，基部心形，腹面疏生长柔毛，并有囊泡状小突起，背面密被黄灰色至锈色茸毛，沿叶脉具长柔毛，边缘具不规则 3 ～ 7 浅裂，有不整齐粗锯齿，基出脉 5 条；叶柄长 3 ～ 4.5 cm，被黄灰色至锈色茸毛状长柔毛，疏生小皮刺；托叶大，长 1 ～ 1.5 cm，羽状深裂或不规则的撕裂。花成顶生狭圆锥花序或近总状花序，也成腋生头状花束，稀为单生；花序梗、花梗和花萼被浅黄色至锈色茸毛状长柔毛；花梗短，最长者不到 1 cm；苞片大，羽状至掌状或梳齿状深裂；花直径 1 ～ 1.6 cm；萼片宽卵形；花瓣白色，与萼片近等长；花药稍有长柔毛。果实近球形，直径达 1.8 cm，肉质，红色。花期 7 ～ 9 月，果期 10 ～ 11 月。

生境与分布：生于向阳山坡、山谷杂木林内、沼泽灌木丛中或路旁岩石间。分布于我国江西、湖南、江苏、福建、台湾、广东、广西、贵州、云南等地。

常见程度：★★

蛇泡筋

拉丁学名：*Rubus cochinchinensis* Tratt.

科　　属：蔷薇科　悬钩子属

形态特征：攀缘灌木。枝、叶柄、花序和叶片背面中脉上均疏生弯曲小皮刺。枝幼时有黄色茸毛，后逐渐脱落。掌状复叶常具小叶5枚，上部有时具小叶3枚，小叶椭圆形、倒卵状椭圆形或椭圆状披针形，长5～10（15）cm，宽2～3.5（5）cm，顶生小叶比侧生者稍宽大，顶端短渐尖，基部楔形，腹面无毛，背面密被褐黄色茸毛，边缘有不整齐锐锯齿；叶柄长4～5 cm，幼时被茸毛，老时脱落，小叶柄长3～6 mm；托叶较宽，长5～7 mm，扇形，掌状分裂，裂片披针形。花序梗、花梗和花萼均密被黄色茸毛；花梗长4～10 mm；花直径8～12 mm；花萼钟状，无刺，萼片卵圆形，顶端渐尖，外萼片顶端3浅裂；花瓣近圆形，白色，短于萼片；雄蕊比萼片和花瓣短；花柱长于萼片。果实球形，幼时红色，熟时变黑色。花期3～5月，果期7～8月。

生境与分布：生于低海拔至中海拔的林中。分布于我国广东、广西等地。泰国、越南、老挝、柬埔寨也有分布。

常见程度：★★★

深裂锈毛莓

拉丁学名：*Rubus reflexus* var. *lanceolobus* Metc.

科　　属：蔷薇科　悬钩子属

形态特征：攀缘灌木。枝被锈色茸毛，有稀疏小皮刺。单叶，心状长卵形，长 7 ～ 14 cm，宽 5 ～ 11 cm，腹面无毛或沿叶脉疏生柔毛，有明显皱纹，背面密被锈色茸毛，沿叶脉有长柔毛，边缘 3 ～ 5 裂，有不整齐的粗锯齿或重锯齿，基部心形，顶生裂片比侧生裂片长，裂片顶端钝或近急尖；叶柄长 2.5 ～ 5 cm，被茸毛并有稀疏小皮刺；托叶宽倒卵形，长宽各约 1 ～ 1.4 cm，被长柔毛，梳齿状或不规则掌状分裂，裂片披针形或线状披针形。花数朵团集生于叶腋或顶生短总状花序；花序梗和花梗密被锈色长柔毛；花梗长 3～6 mm；花直径 1～1.5 cm；花萼外密被锈色长柔毛和茸毛，萼片卵圆形，外萼片顶端常掌状分裂，裂片披针形，内萼片常全缘；花瓣与萼片近等长；雄蕊短，花丝宽扁。果实近球形，深红色；核有皱纹。花期 6 ～ 7 月，果期 8 ～ 9 月。

生境与分布：生于海拔 300 ～ 1000 m 的山坡、山谷灌木丛或疏林中。分布于我国江西、湖南、浙江、福建、台湾、广东、广西等地。

常见程度：★★

了哥王

拉丁学名：*Wikstroemia indica*（Linn.）C. A. Mey

科　　属：瑞香科　荛花属

形态特征：灌木。小枝红褐色，无毛。叶对生，叶片纸质至近革质，倒卵形、椭圆状长圆形或披针形，长 2 ～ 5 cm，宽 0.5 ～ 1.5 cm，先端钝或急尖，基部阔楔形或窄楔形，干时棕红色，无毛，侧脉细密，极倾斜；叶柄长约 1 mm。花黄绿色，数朵组成顶生头状总状花序，花序梗长 5 ～ 10 mm，无毛，花梗长 1 ～ 2 mm；花萼长 7 ～ 12 mm，近无毛，裂片 4 片，宽卵形至长圆形，长约 3 mm，顶端尖或钝；雄蕊 8 枚，2 轮，着生于花萼管中部以上；子房倒卵形或椭圆形，无毛或在顶端被疏柔毛；花柱极短或近于无，柱头头状；花盘鳞片通常 2 片或 4 片。果椭圆形，长约 7 ～ 8 mm，熟时红色至暗紫色。花果期夏秋季。

生境与分布：喜生于海拔 1500 m 以下的开阔林下或石山上。分布于我国广东、海南、广西、福建、台湾、湖南、四川、贵州、云南、浙江等地。越南、印度、菲律宾也有分布。

常见程度：★

藤构

拉丁学名：*Broussonetia kaempferi* Sieb. var. *australis* Suzuki

科　属：桑科　构属

形态特征：蔓生藤状灌木。树皮黑褐色。小枝显著伸长，幼时被浅褐色柔毛，成长脱落。叶互生，螺旋状排列，叶片为近对称的卵状椭圆形，长 3.5 ～ 8 cm，宽 2 ～ 3 cm，先端渐尖至尾尖，基部心形或截形，边缘锯齿细，齿尖具腺体，不裂，稀为 2 裂或 3 裂，表面无毛，稍粗糙；叶柄长 8 ～ 10 mm，被毛。花雌雄异株，雄花序短穗状，长 1.5 ～ 2.5 cm，花序轴约 1 cm；雄花花被片 3 片或 4 片，裂片外面被毛，雄蕊 3 枚或 4 枚，花药黄色，椭圆球形，退化雌蕊小；雌花集生为球形头状花序。聚花果直径约 1 cm，花柱线形，延长。花期 4 ～ 6 月，果期 5 ～ 7 月。

生境与分布：多生于山坡灌木丛或次生杂木林中。分布于我国浙江、湖北、湖南、安徽、江西、福建、广东、广西、云南、四川、贵州、台湾等地。

常见程度：★

薜荔

拉丁学名：*Ficus pumila* Linn.

科　　属：桑科　榕属

形态特征：攀缘或匍匐灌木。叶两型，不结果枝节上生不定根，叶片卵状心形，长约2.5 cm，叶柄很短；结果枝上无不定根，叶片革质，卵状椭圆形，长 5 ～ 10 cm，宽 2 ～ 3.5 cm，先端急尖至钝形，基部圆形至浅心形，全缘，腹面无毛，背面被黄褐色柔毛，基生叶脉延长，网脉 3 对或 4 对，在腹面下陷，背面凸起，网脉甚明显，呈蜂窝状；叶柄长 5 ～ 10 mm；托叶 2 枚，披针形，被黄褐色丝状毛。雄花生于榕果内壁口部，雄蕊 2 枚；瘿花花被片 3 片或 4 片，线形，花柱侧生，短；雌花生于另一植株榕果内壁，花被片 4 片或 5 片。榕果单生于叶腋，瘿花果梨形，雌花果近球形，长 4 ～ 8 cm，直径 3 ～ 5 cm，顶部截平，略具短钝头或为脐状突起，基部收窄成一短柄，基生苞片宿存；榕果幼时被黄色短柔毛，成熟后黄绿色或微红色；总梗粗短。花果期 5 ～ 8 月。

生境与分布：分布于我国福建、江西、浙江、安徽、江苏、台湾、湖南、广东、广西、贵州、云南、四川、陕西等地。

常见程度：★★

粗叶榕

拉丁学名：*Ficus hirta* Vahl

科　　属：桑科　榕属

形态特征：灌木或小乔木。嫩枝中空，小枝、叶和榕果均被金黄色开展的长硬毛。叶互生，叶片纸质，多型，长椭圆状披针形或广卵形，长 10 ～ 25 cm，边缘具细锯齿，有时全缘或 3 ～ 5 深裂，先端急尖或渐尖，基部圆形，浅心形或宽楔形，腹面疏生贴伏粗硬毛，背面生开展绵毛和糙毛，基生脉 3 ～ 5 条，侧脉每边 4 ～ 7 条；叶柄长 2 ～ 8 cm；托叶卵状披针形，长 10 ～ 30 mm，膜质，红色，被柔毛。雌花果球形，雄花及瘿花果卵球形，无柄或近无柄，直径 10 ～ 15 mm；雄花生于榕果内壁近口部，有柄，花被片 4 片；瘿花花被片与雌花同数；雌花生于雌株榕果内。榕果成对腋生或生于已落叶枝上，球形或椭圆球形，无梗或近无梗，直径 10 ～ 15 mm，幼时顶部苞片形成脐状突起，基生苞片卵状披针形，长 10 ～ 30 mm，膜质，红色，被柔毛。

生境与分布：生于空旷地或山坡林边、林下。分布于我国云南、贵州、广西、广东、海南、湖南、福建、江西等地。尼泊尔、不丹、印度东北部、越南、缅甸、泰国、马来西亚、印度尼西亚也有分布。

常见程度：★★★

黄毛榕

拉丁学名：*Ficus esquiroliana* Lévl.

科　　属：桑科　榕属

形态特征：小乔木或灌木。树皮灰褐色，具纵棱。幼枝中空，粗壮，被褐黄色硬长毛。叶互生，叶片纸质，广卵形，长 17 ～ 27 cm，宽 12 ～ 20 cm，急渐尖，具长约 1 cm 尖尾，基部浅心形，表面疏生糙伏状长毛，背面被长约 3 mm 褐黄色波状长毛，以中脉和侧脉稠密，基生侧脉每边 3 条，侧脉每边 5 条或 6 条，分裂或不分裂，边缘有细锯齿，齿端被长毛；叶柄长 5 ～ 11 cm，疏生长硬毛；托叶披针形，长 1 ～ 1.5 cm，早落。榕果腋生，圆锥状椭圆形，直径 20 ～ 25 mm，表面疏被或密生浅褐长毛，顶部有脐状突起，基生苞片卵状披针形，长约 8 mm。花期 5 ～ 7 月，果期 7 月。

生境与分布：生于海拔 500 ～ 2100 m 的地区。分布于我国西藏、四川、贵州、云南、广西、广东、海南、台湾等地。越南、老挝、泰国北部也有分布。

常见程度：★★★

变叶榕

拉丁学名：*Ficus variolosa* Lindl. ex Benth.

科 属：桑科 榕属

形态特征：灌木或小乔木。树皮灰褐色，光滑。小枝节间短。叶片薄革质，狭椭圆形至椭圆状披针形，长 5 ～ 12 cm，宽 1.5 ～ 4 cm，先端钝或钝尖，基部楔形，全缘，侧脉 7 ～ 11（15）对，与中脉略成直角展出；叶柄长 6 ～ 10 mm；托叶长三角形，长约 8 mm。榕果成对或单生于叶腋，球形，直径 10 ～ 12 mm，表面有瘤体，顶部苞片有脐状突起，基生苞片 3 片，卵状三角形，基部微合生。花序梗长 8 ～ 12 mm；瘿花子房球形，花柱短，侧生；雌花生于另一植株榕果内壁，花被片 3 片或 4 片，子房肾形，花柱侧生，细长。花期 12 月至翌年 6 月。

生境与分布：常生于溪边林下潮湿处。分布于我国浙江、江西、福建、广东、广西、湖南、贵州、云南等地。越南、老挝也有分布。

常见程度：★★

柘

拉丁学名：*Maclura tricuspidata* Carrière

科　　属：桑科　柘属

形态特征：落叶灌木或小乔木。树皮灰褐色。小枝无毛，略具棱，有棘刺，刺长 5 ～ 20 mm。冬芽赤褐色。叶片卵形或菱状卵形，偶为 3 裂，长 5 ～ 14 cm，宽 3 ～ 6 cm，先端渐尖，基部楔形至圆形，表面深绿色，背面绿白色，无毛或被柔毛，侧脉 4 ～ 6 对；叶柄长 1 ～ 2 cm，被微柔毛。雌雄异株，雌雄花序均为球形头状花序，单生或成对腋生，具短花序梗；雄花序直径约 0.5 cm，雄花有苞片 2 片，附着于花被片上，花被片 4 片，肉质，先端肥厚，内卷，内面有黄色腺体 2 个，雄蕊 4 枚，与花被片对生；雌花序直径 1 ～ 1.5 cm，花被片与雄花同数。聚花果近球形，直径约 2.5 cm，肉质，熟时橘红色。花期 5 ～ 6 月，果期 6 ～ 7 月。

生境与分布：生于阳光充足的山地或林缘。分布于我国西北、华北、华东、中南、西南地区。朝鲜也有分布。

常见程度：★

岗柃

拉丁学名：*Eurya groffii* Merr.

科　　属：山茶科　柃木属

形态特征： 灌木或小乔木。嫩枝圆柱形，密被黄褐色披散柔毛，小枝红褐色或灰褐色，被短柔毛或几无毛。叶片革质或薄革质，披针形或披针状长圆形，长 4.5 ～ 10 cm，宽 1.5 ～ 2.2 cm，顶端渐尖或长渐尖，基部钝形或近楔形，边缘密生细锯齿，腹面暗绿色，稍有光泽，无毛，背面黄绿色，密被贴伏短柔毛，侧脉 10 ～ 14 对，在背面通常纤细而隆起；叶柄极短，长约 1 mm，密被柔毛。花 1 ～ 9 朵簇生于叶腋，花梗长 1 ～ 1.5 mm，密被短柔毛；雄花萼片 5 片，花瓣 5 片，白色，长圆形或倒卵状长圆形，长约 3.5 mm；雄蕊约 20 枚，花药不具分格，退化子房无毛；雌花的小苞片和萼片与雄花同，但较小，花瓣 5 片，长圆状披针形，长约 2.5 mm，子房 3 室，无毛，花柱长 2 ～ 2.5 mm，3 裂。果实圆球形，直径约 4 mm，熟时黑色。花期 9 ～ 11 月，果期翌年 4 ～ 6 月。

生境与分布： 生于海拔 50 ～ 2000 m 的山坡、林缘、沟边。分布于我国福建、广东、海南、广西、四川、重庆、贵州、云南等地。

常见程度： ★★★

华南毛柃

拉丁学名：*Eurya ciliata* Merr.

科　　属：山茶科　柃木属

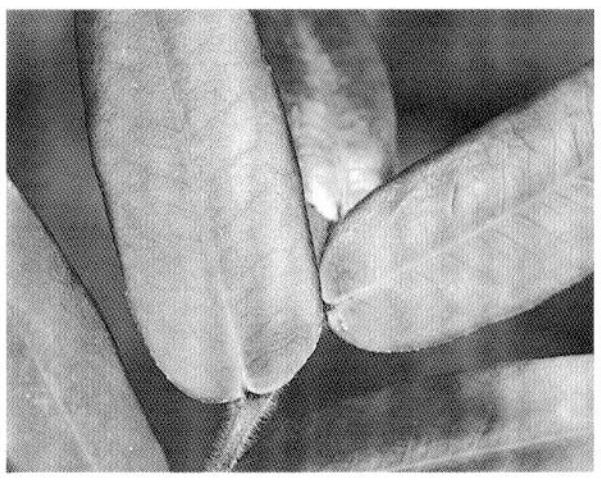

形态特征：灌木或小乔木。枝圆筒形，新枝黄褐色，密被黄褐色披散柔毛，小枝灰褐色或暗褐色，无毛或几无毛。叶片坚纸质，披针形或长圆状披针形，长 5 ～ 8（11）cm，宽 1.2 ～ 2.4 cm，顶端渐尖，基部两侧稍偏斜，边缘全缘，偶有细锯齿，干后稍反卷，腹面亮绿色，无毛，背面淡绿色，被贴伏柔毛，侧脉 10 ～ 14 对；叶柄极短。花 1 ～ 3 朵簇生于叶腋，花梗长约 1 mm，被柔毛；雄花萼片 5 片，长 2 ～ 2.5 mm，外面密被柔毛；花瓣 5 片，长 4 ～ 4.5 mm；雄蕊 22 ～ 28 枚，花药具 5 ～ 8 分格；雌花小苞片、萼片、花瓣与雄花同，但略小；子房 5 室；花柱 4 枚或 5 枚，长约 4 mm，离生。果实圆球形，具短梗，被柔毛，直径 5 ～ 6 mm，萼片及花柱均宿存。花期 10 ～ 11 月，果期翌年 4 ～ 5 月。

生境与分布：多生于海拔 100 ～ 1300 m 的山坡林下或沟谷溪旁密林中。分布于我国海南、广东、广西、云南等地。

常见程度：★

米碎花

拉丁学名：*Eurya chinensis* R. Br.

科　　属：山茶科　柃木属

形态特征：灌木。多分枝，嫩枝具2棱，被短柔毛，小枝稍具2棱，几无毛。叶片薄革质，倒卵形或倒卵状椭圆形，长2～5.5 cm，宽1～2 cm，顶端钝而有微凹或略尖，偶有近圆形，基部楔形，边缘密生细锯齿，腹面有光泽，背面淡绿色，无毛或初时疏被短柔毛，后变无毛，中脉在腹面凹下，侧脉6～8对，两面均不明显；叶柄长2～3 mm。花1～4朵簇生于叶腋，花梗长约2 mm，无毛；雄花萼片5片，长1.5～2 mm，无毛，花瓣5片，白色，长3～3.5 mm，无毛；雄蕊约15枚，花药不具分格；雌花的小苞片和萼片与雄花同，但较小，花瓣5片，卵形，长2～2.5 mm；子房无毛；花柱长1.5～2 mm，顶端3裂。果实圆球形，有时为卵圆形，熟时紫黑色，直径3～4 mm。花期11～12月，果期翌年6～7月。

生境与分布：多生于海拔800 m以下的低山丘陵、山坡灌木丛、路边或溪河沟谷灌木丛中。分布于我国江西、福建、台湾、湖南、广东、广西等地。

常见程度：★★

油茶

拉丁学名： *Camellia oleifera* Abel.

科　　属： 山茶科　山茶属

形态特征：灌木或中乔木。嫩枝有粗毛。叶片革质，椭圆形，长圆形或倒卵形，先端尖而有钝头，有时渐尖或钝，基部楔形，长 5 ～ 7 cm，宽 2 ～ 4 cm，有时较长，腹面发亮，中脉有毛，背面浅绿色，无毛或中脉有长毛，边缘有细锯齿，有时具钝齿，叶柄长 4 ～ 8 mm，有粗毛。花顶生，近于无柄，苞片与萼片约 10 片，由外向内逐渐增大，背面有贴紧柔毛或绢毛，花后脱落；花瓣白色，5 ～ 7 片，倒卵形，长 2.5 ～ 3 cm，宽 1 ～ 2 cm，有时较短或更长，先端凹入或 2 裂；雄蕊长 1 ～ 1.5 cm，外侧雄蕊仅基部略连生，无毛，花药黄色，背部着生；子房有黄长毛，3 ～ 5 室；花柱长约 1 cm，无毛，先端不同程度 3 裂。蒴果球形或卵圆形，直径 2 ～ 4 cm，1 室或 3 室，2 爿或 3 爿裂开，每室有种子 1 粒或 2 粒，果爿厚 3 ～ 5 mm，木质，中轴粗厚；苞片及萼片脱落后留下的果柄长 3 ～ 5 mm，粗大，有环状短节。花期冬季至翌年春季。

生境与分布：广泛栽培于我国长江流域及华南地区。

常见程度：★

白檀

拉丁学名：*Symplocos paniculata*（Thunb.）Miq.

科　　属：山矾科　山矾属

形态特征： 灌木。嫩枝、叶柄、叶背均被灰黄色皱曲柔毛。叶片纸质，椭圆形或倒卵形，长 4 ～ 7（10）cm，宽 2 ～ 5 cm，先端急尖或短尖，有时圆，基部楔形或圆形，边缘有细尖锯齿，叶腹面有短柔毛；中脉在腹面凹下，侧脉每边 4 ～ 7 条。圆锥花序顶生或腋生，长 4 ～ 7 cm，花序轴、苞片、花萼外面均密被灰黄色皱曲柔毛；苞片早落；花萼长 2 ～ 3 mm；裂片长圆形，长于萼筒；花冠白色，芳香，长约 4 mm，5 深裂几达基部；雄蕊 50 ～ 60 枚，花丝基部合生成五体雄蕊；花盘具 5 个凸起的腺点，无毛；子房 2 室。核果卵状圆球形，歪斜，长 5 ～ 7 mm，被紧贴的柔毛，熟时蓝色，顶端宿萼裂片向内伏。花期 4 ～ 5 月，果期 8 ～ 9 月。

生境与分布： 生于海拔 1000 m 以下的丘陵、山坡、杂林中。分布于我国浙江、福建、台湾、安徽、江西、湖南、广东、广西、云南、贵州、四川等地。

常见程度： ★★

山矾

拉丁学名：*Symplocos sumuntia* Buch. –Ham. ex D. Don

科　　属：山矾科　山矾属

形态特征：乔木，嫩枝褐色。叶片薄革质，卵形、狭倒卵形、倒披针状椭圆形，长3.5～8 cm，宽1.5～3 cm，先端常呈尾状渐尖，基部楔形或圆形，边缘具浅锯齿或波状齿，有时近全缘；中脉在腹面凹下，侧脉和网脉在两面均凸起，侧脉每边4～6条；叶柄长0.5～1 cm。总状花序长2.5～4 cm，被展开的柔毛；苞片早落，长约1 mm，密被柔毛，小苞片与苞片同形；花萼长2～2.5 mm，萼筒倒圆锥形，无毛，裂片三角状卵形，与萼筒等长或稍短于萼筒，背面有微柔毛；花冠白色，5深裂几达基部，长4～4.5 mm，裂片背面有微柔毛；雄蕊25～35枚，花丝基部稍合生；花盘环状，无毛；子房3室。核果卵状坛形，长7～10 mm，外果皮薄而脆，顶端宿萼裂片直立，有时脱落。花期2～3月，果期6～7月。

生境与分布：生于海拔200～1500 m的山林间。分布于我国江苏、浙江、福建、台湾、广东、海南、广西、江西、湖南、湖北、四川、贵州、云南等地。尼泊尔、不丹、印度也有分布。

常见程度：★★

雀梅藤

拉丁学名：*Sageretia thea*（Osbeck）Johnst.

科　　属：鼠李科　雀梅藤属

形态特征：藤状或直立灌木。小枝具刺，互生或近对生，褐色，被短柔毛。叶片纸质，近对生或互生，通常椭圆形、矩圆形或卵状椭圆形，稀卵形或近圆形，长 1 ～ 4.5 cm，宽 0.7 ～ 2.5 cm，顶端锐尖，钝形或圆形，基部圆形或近心形，边缘具细锯齿，腹面绿色，无毛，背面浅绿色，无毛或沿脉被柔毛，侧脉每边 3 ～ 5 条；叶柄长 2 ～ 7 mm，被短柔毛。花无梗，黄色，有芳香，通常 2 朵以上簇生排成顶生或腋生，疏散穗状或圆锥状穗状花序；花序轴长 2 ～ 5 cm，被茸毛或密短柔毛；花萼外面被疏柔毛；萼片长约 1 mm；花瓣匙形，顶端 2 浅裂，常内卷，短于萼片；子房 3 室，每室具胚珠 1 颗；花柱极短，柱头 3 浅裂。核果近圆球形，直径约 5 mm，熟时黑色或紫黑色，具分核 1 ～ 3 粒，味酸。花期 7 ～ 11 月，果期翌年 3 ～ 5 月。

生境与分布：常生于海拔 2100 m 以下的丘陵、山地林下或灌木丛中。分布于我国安徽、江苏、浙江、江西、福建、台湾、广东、广西、湖南、湖北、四川、云南等地。印度、越南、朝鲜、日本也有分布。

常见程度：★

长叶冻绿

拉丁学名：*Rhamnus crenata* Sieb. et Zucc.

科　　属：鼠李科　鼠李属

形态特征：落叶灌木或小乔木。幼枝带红色，被毛，后脱落，小枝被疏柔毛。叶片纸质，倒卵状椭圆形、椭圆形或倒卵形，稀倒披针状椭圆形或长圆形，长 4 ～ 14 cm，宽 2 ～ 5 cm，顶端渐尖、尾状长渐尖或骤缩成短尖，基部楔形或钝形，边缘具圆齿状齿或细锯齿，腹面无毛，背面被柔毛或沿脉多少被柔毛，侧脉每边 7 ～ 12 条；叶柄长 4 ～ 10（12）mm，被密柔毛。聚伞花序腋生，花序梗长 4 ～ 10 mm，稀 15 mm，被柔毛，花梗长 2 ～ 4 mm，被短柔毛；花瓣近圆形，顶端 2 裂；雄蕊与花瓣等长而短于萼片；子房无毛，3 室，每室具胚珠 1 颗；花柱不分裂，柱头不明显。核果球形或倒卵状球形，绿色或红色，熟时黑色或紫黑色，长 5 ～ 6 mm，直径 6 ～ 7 mm，果梗长 3 ～ 6 mm，具分核 3 粒，各有种子 1 粒。花期 5 ～ 8 月，果期 8 ～ 10 月。

生境与分布：常生于海拔 2000 m 以下的山地林下或灌木丛中。分布于我国陕西、河南、安徽、江苏、浙江、江西、福建、台湾、广东、广西、湖南、湖北、四川、贵州、云南等地。朝鲜、日本、越南、老挝、柬埔寨也有分布。

常见程度：★★

马尾松

拉丁学名：*Pinus massoniana* Lamb.

科　　属：松科　松属

形态特征：乔木。树皮红褐色，裂成不规则的鳞状块片。枝平展或斜展，树冠宽塔形或伞形。针叶 2 针一束，稀 3 针一束，长 12 ～ 20 cm，细柔，微扭曲，两面均有气孔线，边缘有细锯齿；树脂道 4 ～ 8 个。雄球花淡红褐色，圆柱形，弯垂，长 1 ～ 1.5 cm，聚生于新枝下部苞腋，穗状，长 6 ～ 15 cm；雌球花单生或 2 ～ 4 个聚生于新枝近顶端，淡紫红色。球果卵圆形或圆锥状卵圆形，长 4 ～ 7 cm，直径 2.5 ～ 4 cm，有短梗，下垂，成熟前绿色，熟时栗褐色，陆续脱落；中部种鳞近矩圆状倒卵形，或近长方形，长约 3 cm；鳞盾菱形，微隆起或平，横脊微明显，鳞脐微凹，无刺，生于干燥环境者常具极短的刺。种子长卵圆形，长 4 ～ 6 mm，连翅长 2 ～ 2.7 cm。花期 4 ～ 5 月，果期翌年 10 ～ 12 月。

生境与分布：生于海拔 700 m 以下。分布于我国南方各地。

常见程度：★★

岗松

拉丁学名：*Baeckea frutescens* L.

科　　属：桃金娘科　岗松属

形态特征：灌木，有时为小乔木。嫩枝纤细，多分枝。叶小，无柄，或有短柄，叶片狭线形或线形，长 5 ～ 10 mm，宽约 1 mm，先端尖，腹面有沟，背面凸起，有透明油腺点，干后褐色，中脉 1 条，无侧脉。花小，白色，单生于叶腋内；苞片早落；花梗长 1 ～ 1.5 mm；萼管钟状，长约 1.5 mm，萼齿 5 枚，细小三角形，先端急尖；花瓣圆形，分离，长约 1.5 mm，基部狭窄成短柄；雄蕊 10 枚或稍少，成对与萼齿对生；子房下位，3 室；花柱短，宿存。蒴果小，长约 2 mm。种子扁平，有角。花期夏秋季。

生境与分布：喜生于低丘、荒山草坡上及灌木丛中，是酸性土壤的指示植物，原为小乔木，因经常被砍伐或火烧，多呈小灌木状。分布于我国福建、广东、广西、江西等地。东南亚各国也有分布。

常见程度：★★

桃金娘

拉丁学名：*Rhodomyrtus tomentosa*（Ait.）Hassk.

科　　属：桃金娘科　桃金娘属

形态特征：灌木。嫩枝有灰白色柔毛。叶对生，叶片革质，椭圆形或倒卵形，长 3 ～ 8 cm，宽 1 ～ 4 cm，先端圆形或钝形，常微凹入，有时稍尖，基部阔楔形，腹面初时有毛，以后变无毛，发亮，背面有灰色茸毛，离基出脉 3 条，直达先端且相结合，边脉离边缘 3 ～ 4 mm，中脉有侧脉 4 ～ 6 对，网脉明显；叶柄长 4 ～ 7 mm。花有长梗，常单生，紫红色，直径 2 ～ 4 cm；萼管倒卵形，长约 6 mm，有灰茸毛；花萼裂片 5 片，近圆形，长 4 ～ 5 mm，宿存；花瓣 5 片，倒卵形，长 1.3 ～ 2 cm；雄蕊红色，长 7 ～ 8 mm；子房下位，3 室；花柱长约 1 cm。浆果卵状壶形，长 1.5 ～ 2 cm，宽 1 ～ 1.5 cm，熟时紫黑色。种子每室 2 列。花期 4 ～ 5 月。

生境与分布：生于丘陵坡地，为酸性土壤的指示植物。分布于我国台湾、福建、广东、广西、云南、贵州、湖南等地。中南半岛、菲律宾、日本、印度、斯里兰卡、马来西亚、印度尼西亚也有分布。

常见程度：★★★

黄牛木

拉丁学名：*Cratoxylum cochinchinense*（Lour.）Bl.

科　　属：藤黄科　黄牛木属

形态特征：落叶灌木或乔木。全体无毛，树干下部有簇生的长枝刺；树皮灰黄色或灰褐色，平滑或有细条纹。枝条对生，幼枝略扁，无毛，淡红色，节上叶柄间线痕连续或间有中断。叶片椭圆形至长椭圆形或披针形，长 3 ～ 10.5 cm，宽 1 ～ 4 cm，先端骤然锐尖或渐尖，基部钝形至楔形，坚纸质，两面均无毛，背面粉绿色，有透明腺点及黑点，侧脉每边 8 ～ 12 条；叶柄长 2 ～ 3 mm，无毛。聚伞花序有花 1 ～ 3 朵，具梗；花直径 1 ～ 1.5 cm；花梗长 2 ～ 3 mm；萼片长 5 ～ 7 mm，全面有黑色纵腺条，果时增大；花瓣粉红色、深红色至红黄色，倒卵形，长 5 ～ 10 mm，宽 2.5 ～ 5 mm，脉间有黑腺纹；雄蕊束 3 束，长 4 ～ 8 mm；下位肉质腺体长可达 3 mm；子房 3 室；花柱 3 枚，线形，自基部叉开，长约 2 mm。蒴果椭圆形，长 8 ～ 12 mm，宽 4 ～ 5 mm，棕色，无毛，被宿存的花萼包被 2/3 以上。种子每室（5）6 ～ 8 粒，一侧具翅。花期 4 ～ 5 月，果期 6 月以后。

生境与分布：耐干旱，散生于干燥稀树的次生灌木群落中。分布于我国广东、广西、云南等地。缅甸、泰国、越南也有分布。

常见程度：★★★

剑叶山芝麻

拉丁学名：*Helicteres lanceolata* DC.

科　　属：梧桐科　山芝麻属

形态特征：灌木，高 1 ～ 2 m。小枝密被黄褐色星状短柔毛。叶片披针形或矩圆状披针形，长 3.5 ～ 7.5 cm，宽 2 ～ 3 cm，顶端急尖或渐尖，基部钝，两面均被黄褐色星状短柔毛，尤以背面更密，全缘或在近顶端有数个小锯齿；叶柄长 3 ～ 9 mm。花簇生或排成长 1 ～ 2 cm 的聚伞花序，腋生；花细小，长约 12 mm；萼筒筒状，5 浅裂，被毛；花瓣 5 片，红紫色，不等大；雌雄蕊柄的基部被柔毛；雄蕊 10 枚，花药外向，退化雄蕊 5 枚，条状披针形；子房 5 室，每室有胚珠约 12 颗。蒴果圆筒状，长 2 ～ 2.5 cm，宽约 8 mm，顶端有喙，密被长茸毛。花期 7 ～ 11 月。

生境与分布：生于山坡草地上或灌木丛中。分布于我国广东、广西、云南等地。越南、缅甸、老挝、泰国、印度尼西亚也有分布。

常见程度：★

山芝麻

拉丁学名：*Helicteres angustifolia* L.

科　　属：梧桐科　山芝麻属

形态特征：小灌木。小枝被灰绿色短柔毛。叶片狭矩圆形或条状披针形，长 3.5 ～ 5 cm，宽 1.5 ～ 2.5 cm，顶端钝或急尖，基部圆形，腹面无毛或几无毛，背面被灰白色或淡黄色星状茸毛，间或混生刚毛；叶柄长 5 ～ 7 mm。聚伞花序有花 2 朵以上；花梗通常有锥尖状的小苞片 4 片；花萼管状，长约 6 mm，被星状短柔毛，5 裂，裂片三角形；花瓣 5 片，不等大，淡红色或紫红色，比花萼略长，基部有 2 个耳状附属体；雄蕊 10 枚，退化雄蕊 5 枚，线形，甚短；子房 5 室，被毛，较花柱略短，每室有胚珠约 10 颗。蒴果卵状矩圆形，长 12 ～ 20 mm，宽 7 ～ 8 mm，顶端急尖，密被星状毛及混生长茸毛。种子小，褐色，有椭圆形小斑点。花期几乎全年。

生境与分布：常生于草坡上。分布于我国湖南、江西、广东、广西、云南、福建、台湾等地。印度、缅甸、马来西亚、泰国、越南、老挝、柬埔寨、印度尼西亚、菲律宾也有分布。

常见程度：★★

鹅掌柴

拉丁学名：*Schefflera heptaphylla*（Linn.）Frodin

科　　属：五加科　鹅掌柴属

形态特征：乔木或灌木。小枝粗壮，幼时密生星状短柔毛。掌状复叶，小叶最多 11 枚；叶柄长 15 ～ 30 cm；小叶片纸质至革质，椭圆形、长圆状椭圆形或倒卵状椭圆形，长 9 ～ 17 cm，宽 3 ～ 5 cm，幼时密生星状短柔毛，边缘全缘，但在幼树时常有锯齿或羽状分裂，侧脉 7 ～ 10 对。圆锥花序顶生，长 20 ～ 30 cm，主轴和分枝幼时密生星状短柔毛；分枝有总状排列的伞形花序几个至十几个；伞形花序有花 10 ～ 15 朵；花梗长 4 ～ 5 mm，有星状短柔毛；花白色；萼长约 2.5 mm；花瓣 5 片或 6 片，开花时反曲，无毛；雄蕊 5 枚或 6 枚，比花瓣略长；子房 5 ～ 7 室，稀 9 室或 10 室；花柱合生成粗短的柱状；花盘平坦。果实球形，黑色，直径约 5 mm，有不明显的棱；宿存花柱粗短；柱头头状。花期 11 ～ 12 月，果期 12 月。

生境与分布：宜生于酸性土壤中。生于海拔 100～2100 m 的阳坡上。广泛分布于我国西藏、云南、广西、广东、浙江、福建、台湾等地。日本、越南、印度也有分布。

常见程度：★★★

虎刺楤木

拉丁学名：*Aralia finlaysoniana*（Wall. ex G. Don）Seem.

科　　属：五加科　楤木属

形态特征：多刺灌木。刺短，长 4 mm 以下，基部宽扁，先端通常弯曲。叶为三回羽状复叶，长 60 ～ 100 cm；叶柄长 25 ～ 50 cm；托叶和叶柄基部合生；叶轴和羽片轴疏生细刺；羽片有小叶 5 ～ 9 枚，基部有小叶 1 对；小叶片纸质，长圆状卵形，长 4 ～ 11 cm，宽 2 ～ 5 cm，先端渐尖，基部圆形或心形，歪斜，两面脉上均疏生小刺，背面密生短柔毛，后渐脱落，边缘有锯齿、细锯齿，侧脉约 6 对，两面均明显，网脉不明显。圆锥花序长达 50 cm，主轴和分枝有短柔毛或无毛，疏生钩曲短刺；伞形花序直径 2 ～ 4 cm，有花多数；花序梗长 1 ～ 5 cm，有刺和短柔毛；花梗长 1 ～ 1.5 cm，有细刺和粗毛；花萼无毛，长约 2 mm，边缘有 5 个三角形小齿；花瓣 5 片，长约 2 mm；雄蕊 5 枚；子房 5 室；花柱 5 枚，离生。果实球形，直径约 4 mm，有 5 棱。花期 8 ～ 10 月，果期 9 ～ 11 月。

生境与分布：生于山坡疏林下、溪边及草丛等阳光充足的地方。分布于我国广西、广东、云南、贵州、湖南等地。

常见程度：★

楤木

拉丁学名：*Aralia elata*（Miq.）Seem.

科　　属：五加科　楤木属

形态特征：灌木或乔木。树皮灰色，疏生粗壮直刺。小枝通常淡灰棕色，有黄棕色茸毛，疏生细刺。叶为二回或三回羽状复叶，长 60 ～ 110 cm；叶柄粗壮，长可达 50 cm；叶轴无刺或有细刺；小叶片纸质至薄革质，长 5 ～ 12 cm，稀长达 19 cm，宽 3 ～ 8 cm，先端渐尖或短渐尖，基部圆形，腹面粗糙，疏生糙毛，背面有淡黄色或灰色短柔毛，边缘有锯齿，侧脉 7 ～ 10 对。圆锥花序长 30 ～ 60 cm；分枝长 20 ～ 35 cm，密生柔毛；伞形花序直径 1 ～ 1.5 cm，有花多数；花序梗长 1 ～ 4 cm，密生短柔毛；花梗长 4 ～ 6 mm，密生短柔毛；花白色，芳香；花萼无毛，长约 1.5 mm；花瓣 5 片，长 1.5 ～ 2 mm；雄蕊 5 枚，花丝长约 3 mm；子房 5 室；花柱 5 枚，离生或基部合生。果实球形，黑色，直径约 3 mm，有 5 棱；宿存花柱长约 1.5 mm，离生或合生至中部。花期 7 ～ 9 月，果期 9 ～ 12 月。

生境与分布：生于森林、灌木丛中或林缘路边。我国除西北外，各地均有分布。

常见程度：★★

地菍

拉丁学名：*Melastoma dodecandrum* Lour.

科　　属：野牡丹科　野牡丹属

形态特征：亚灌木。茎匍匐上升，逐节生根，披散。叶片坚纸质，卵形或椭圆形，顶端急尖，基部广楔形，长 1 ～ 4 cm，宽 0.8 ～ 2（3）cm，全缘或具密浅细锯齿，基出脉 3 ～ 5 条，叶腹面通常仅边缘被糙伏毛，背面仅沿基部脉上被极疏糙伏毛，侧脉互相平行。聚伞花序顶生，有花 1 ～ 3 朵，基部有叶状总苞 2 枚；花梗长 2 ～ 10 mm，被糙伏毛，上部具苞片 2 片；花萼管长约 5 mm，被糙伏毛；裂片披针形，长 2 ～ 3 mm，被疏糙伏毛，边缘具刺毛状缘毛，裂片间具小裂片 1 片，较裂片小且短；花瓣淡紫红色至紫红色，上部略偏斜，长 1.2 ～ 2 cm，宽 1 ～ 1.5 cm；雄蕊长者药隔基部伸延，弯曲，末端具小瘤 2 个；子房下位，顶端具刺毛。果坛状球形，平截，近顶端略缢缩，肉质，不开裂，长 7 ～ 9 mm，直径约 7 mm；宿存萼被疏糙伏毛。花期 5 ～ 7 月，果期 7 ～ 9 月。

生境与分布：喜生于酸性土壤中。生于海拔 1250 m 以下的山坡矮草丛中。分布于我国贵州、湖南、广西、广东、江西、浙江、福建等地。越南也有分布。

常见程度：★★★

多花野牡丹

拉丁学名：*Melastoma affine* D. Don

科　属：野牡丹科　野牡丹属

形态特征：灌木。茎钝四棱形或近圆柱形。分枝、叶两面、叶柄、花梗、花萼、子房、果实均密被紧贴的鳞片状糙伏毛，毛扁平，边缘流苏状。叶片坚纸质，披针形、卵状披针形或近椭圆形，顶端渐尖，基部圆形或近楔形，长 5.4 ～ 13 cm，宽 1.6 ～ 4.4 cm，全缘，基出脉 5 条，叶腹面基出脉下凹，背面基出脉隆起；叶柄长 5 ～ 10 mm 或略长。伞房花序生于分枝顶端，近头状，有花 10 朵以上，基部具叶状总苞 2 枚；花梗长 3 ～ 8（10）mm；花萼长约 1.6 cm，裂片广披针形，裂片间具小裂片 1 片；花瓣粉红色至红色，长约 2 cm，顶端圆形，仅上部具缘毛；雄蕊长者药隔基部伸延，末端 2 深裂，弯曲，短者药隔不伸延，药室基部各具小瘤 1 个；子房半下位，顶端具 1 圈密刚毛。蒴果坛状球形，顶端平截，与宿存萼贴生。花期 2 ～ 5 月，果期 8 ～ 12 月。

生境与分布：生于山坡、山谷林下或疏林下、林下灌草丛中、路边、沟边。分布于我国云南、贵州、广东及台湾以南等地。中南半岛、菲律宾以南、澳大利亚也有分布。

常见程度：★

毛菍

拉丁学名：*Melastoma sanguineum* Sims.

科　　属：野牡丹科　野牡丹属

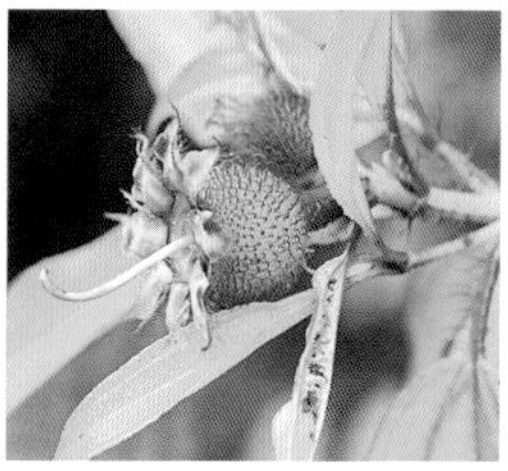

形态特征：大灌木。茎、小枝、叶柄、花梗及花萼均被平展的长粗毛。叶片坚纸质，卵状披针形至披针形，顶端长渐尖或渐尖，基部钝形或圆形，长 8 ~ 15（22）cm，宽 2.5 ~ 5（8）cm，全缘，基出脉 5 条，两面被隐藏于表皮下的糙伏毛，通常仅毛尖端露出；叶柄长 1.5 ~ 2.5（4）cm。伞房花序，顶生，常仅有花 1 朵，有时 3 ~ 5 朵；花梗长约 5 mm，花萼管长 1 ~ 2 cm，直径 1 ~ 2 cm，裂片 5 ~ 7 片，长约 1.2 cm，裂片间具线形或线状披针形小裂片，花瓣粉红色或紫红色，5 ~ 7 片，长 3 ~ 5 cm，宽 2 ~ 2.2 cm；雄蕊长者药隔基部伸延，末端 2 裂，花药长约 1.3 cm，短者药隔不伸延，花药长约 9 mm，基部具小瘤 2 个；子房半下位。果杯状球形，胎座肉质，为宿存萼所包；宿存萼密被红色长硬毛，长 1.5 ~ 2.2 cm，直径 1.5 ~ 2 cm。花果期几乎全年，通常在 8 ~ 10 月。茎

生境与分布：生于低海拔的坡脚、沟边、湿润的草丛或矮灌木丛中。分布于我国广西、广东等地。印度、马来西亚、印度尼西亚也有分布。

常见程度：★★

野牡丹

拉丁学名：*Melastoma malabathricum* L.

科　　属：野牡丹科　野牡丹属

形态特征： 灌木。分枝多。茎钝四棱形或近圆柱形；茎、叶柄、叶两面、花梗、花萼、子房均密被紧贴的鳞片状糙伏毛，毛扁平，边缘流苏状。叶片坚纸质，卵形或广卵形，顶端急尖，基部浅心形或近圆形，长 4 ～ 10 cm，宽 2 ～ 6 cm，全缘，基出脉 7 条；叶柄长 5 ～ 15 mm。伞房花序生于分枝顶端，近头状，有花 3 ～ 5 朵，稀单生，基部具叶状总苞 2 枚；花梗长 3 ～ 20 mm；花萼长约 2.2 cm，裂片与萼管等长或略长，顶端渐尖，具细尖头，两面均被毛；花瓣玫瑰红色或粉红色，倒卵形，长 3 ～ 4 cm，顶端圆形，密被缘毛；雄蕊长者药隔基部伸延，弯曲，末端 2 深裂，短者药隔不伸延，药室基部具 1 对小瘤；子房半下位，顶端具 1 圈刚毛。蒴果坛状球形，与宿存萼贴生，长 1 ～ 1.5 cm，直径 8 ～ 12 mm。花期 5 ～ 7 月，果期 10 ～ 12 月。

生境与分布： 生于低海拔的山坡松林下或开阔的灌草丛中，是酸性土壤中常见的植物。分布于我国云南、广西、广东、福建、台湾等地。中南半岛也有分布。

常见程度： ★★★

展毛野牡丹

拉丁学名：*Melastoma normale* D. Don

科　　属：野牡丹科　野牡丹属

形态特征：灌木。茎钝四棱形或近圆柱形。分枝多，密被平展的长粗毛及短柔毛，毛常为褐紫色，长不过 3 mm。叶柄、叶两面、花梗、花萼、子房均密被鳞片状糙伏毛。叶片坚纸质，卵形至椭圆形或椭圆状披针形，顶端渐尖，基部圆形或近心形，长 4 ～ 10.5 cm，宽 1.4 ～ 3.5（5）cm，全缘，基出脉 5 条；叶柄长 5 ～ 10 mm。伞房花序生于分枝顶端，具花 3 ～ 7（10）朵，基部具叶状总苞片 2 片；花梗长 2 ～ 5 mm；花瓣紫红色，倒卵形，长约 2.7 cm，顶端圆形，仅具缘毛；雄蕊长者药隔基部伸延，末端 2 裂，常弯曲，短者药隔不伸延，花药基部两侧各具小瘤 1 个；子房半下位，顶端具 1 圈密刚毛。蒴果坛状球形，顶端平截，宿存萼与果贴生，长 6 ～ 8 mm，直径 5 ～ 7 mm。花期春季至夏季初，果期秋季。

生境与分布：生于低海拔的山坡松林下或开阔的灌草丛中，是酸性土壤中常见的植物。分布于我国西藏、四川、福建及台湾以南等地。中南半岛也有分布。

常见程度：★★★

山黄麻

拉丁学名：*Trema tomentosa*（Roxb.）Hara

科　　属：榆科　山黄麻属

形态特征：小乔木或灌木。树皮灰褐色，平滑或细龟裂。小枝、叶柄、托叶、花序均密被直立或斜展的短茸毛。叶片纸质或薄革质，宽卵形或卵状矩圆形，稀宽披针形，长 7 ～ 15（20）cm，宽 3 ～ 7（8）cm，先端渐尖至尾状渐尖，稀锐尖，基部心形，明显偏斜，边缘有细锯齿，两面近于同色，叶腹面极粗糙，基出脉 3 条，侧脉 4 对或 5 对；叶柄长 7 ～ 18 mm；托叶条状披针形，长 6 ～ 9 mm。雄花序长 2 ～ 4.5 cm；雄花直径 1.5 ～ 2 mm，几乎无梗，花被片 5 片，雄蕊 5 枚；雌花序长 1 ～ 2 cm ；雌花具短梗，在果时增长，花被片 4 片或 5 片，长 1 ～ 1.5 mm ；子房无毛。核果压扁状，直径 2 ～ 3 mm，表面无毛，熟时具不规则的蜂窝状皱纹，褐黑色或紫黑色，具宿存的花被。花期 3 ～ 6 月，果期 9 ～ 11 月。

生境与分布：生于湿润河谷、山坡混交林或空旷的山坡中。分布于我国福建、台湾、广东、海南、广西、四川、贵州、云南、西藏等地。

常见程度：★★★

山油麻

拉丁学名：*Trema cannabina* var. *dielsiana*（Hand. –Mazz.）C. J. Chen

科　　属：榆科　山黄麻属

形态特征：灌木或小乔木，高 1 ～ 5 m。当年枝赤褐色，密生茸毛。单叶互生，叶片纸质，卵状披针形至长椭圆形，长 4 ～ 7 cm，宽 2 ～ 3 cm，先端渐尖或尾尖，基部圆形或阔楔形，两面均密生短粗毛，叶脉 3 出，边缘有圆细锯齿；叶柄长 3 ～ 9 mm，被毛。花单性；聚伞花序常成对腋生；花梗和花被片具毛；花被 5 裂；雄花有雄蕊 4 枚或 5 枚，花丝短；雌花子房上位，无柄；花柱 1 枚，柱头 2 叉。核果卵圆形，或近球形，橘红色，长约 3 mm，无毛。花期 4 ～ 5 月，果期 8 ～ 9 月。

生境与分布：常生于向阳山坡、干燥山谷、旷地或灌木丛中。分布于我国湖南、江西、广东、广西、云南、福建、台湾等地。印度、缅甸、马来西亚、泰国、越南、老挝、柬埔寨、印度尼西亚、菲律宾也有分布。

常见程度：★★

椿叶花椒

拉丁学名：*Zanthoxylum ailanthoides* Sieb. et. Zucc.

科　　属：芸香科　花椒属

形态特征：落叶乔木。茎干有鼓钉状、基部宽达 3 mm、长 2 ～ 5 mm 的锐刺。当年生枝的髓部甚大，常空心，花序轴及小枝顶部常散生短直刺，各部无毛。有小叶 11 ～ 27 枚或稍多；小叶整齐对生，狭长披针形，或有位于叶轴基部的近卵形，长 7 ～ 18 cm，宽 2 ～ 6 cm，顶部渐狭长尖，基部圆，叶缘有明显裂齿，油点多，肉眼可见，叶背面灰绿色或有灰白色粉霜，中脉在叶腹面凹陷，侧脉每边 11 ～ 16 条。花序顶生，多花，几无花梗；萼片及花瓣均 5 片；花瓣淡黄白色，长约 2.5 mm ；雄花的雄蕊 5 枚；退化雌蕊极短，2 浅裂或 3 浅裂；雌花有心皮 3 枚，稀 4 枚。果梗长 1 ～ 3 mm；分果瓣淡红褐色，干后淡灰色或棕灰色，顶端无芒尖，直径约 4.5 mm，油点多，干后凹陷。种子直径约 4 mm。花期 8 ～ 9 月，果期 10 ～ 12 月。

生境与分布：生于向阳坡地、山麓、山寨附近。我国除江苏、安徽未见记录外，长江以南各地均有分布。

常见程度：★

簕欓花椒

拉丁学名：*Zanthoxylum avicennae*（Lam.）DC.

科　　属：芸香科　花椒属

形态特征：落叶乔木。树干有鸡爪状刺，刺基部扁圆而增厚，形似鼓钉，并有环纹。幼龄树的枝及叶密生刺，各部无毛。叶有小叶 11 ～ 21 枚，稀较少；小叶斜卵形，斜长方形或呈镰刀状，有时倒卵形，长 2.5 ～ 7 cm，宽 1 ～ 3 cm，顶部短尖或钝，全缘，或中部以上有疏裂齿，肉眼可见鲜叶的油点，叶轴腹面有狭窄、绿色的叶质边缘，常呈狭翼状。花序顶生，花多；雄花梗长 1 ～ 3 mm；萼片及花瓣均 5 片；花瓣黄白色，雌花的花瓣比雄花的稍长，长约 2.5 mm；雄花的雄蕊 5 枚；雌花有心皮 2 枚，较少 3 枚。果梗长 3 ～ 6 mm，花序梗比果梗长 1 ～ 3 倍；分果瓣淡紫红色，单个分果瓣直径 4 ～ 5 mm，顶端无芒尖，油点大且多，微凸起。种子直径 3.5 ～ 4.5 mm。花期 6 ～ 8 月，较少 10 月，果期 10 ～ 12 月。

生境与分布：生于低海拔平地、坡地或谷地，多见于次生林中。分布于我国台湾、福建、广东、海南、广西、云南等地。菲律宾、越南北部也有分布。

常见程度：★

三椏苦

拉丁学名：*Melicope pteleifolia*（Champ. ex Benth.）T. G. Hartley

科　　属：芸香科　吴茱萸属

形态特征：乔木。树皮光滑，纵向浅裂。嫩枝的节部常呈压扁状，小枝的髓部大，枝叶无毛。小叶 3 枚，有时偶有小叶 2 枚或单枚的形态同时存在，叶柄基部稍增粗，小叶长椭圆形，两端尖，有时倒卵状椭圆形，长 6 ～ 20 cm，宽 2 ～ 8 cm，全缘，油点多；小叶柄甚短。花序腋生，很少同时有顶生，长 4 ～ 12 cm，花甚多；萼片及花瓣均 4 片；萼片细小，长约 0.5 mm；花瓣淡黄色或白色，长 1.5 ～ 2 mm，常有透明油点，干后油点变暗褐色至褐黑色；雄花的退化雌蕊呈细垫状突起，密被白色短毛；雌花的不育雄蕊有花药而无花粉；花柱与子房等长或略短，柱头头状。分果瓣淡黄色或茶褐色，散生肉眼可见的透明油点，每个分果瓣有种子 1 粒。种子长 3 ～ 4 mm，厚 2 ～ 3 mm，蓝黑色，有光泽。花期 4 ～ 6 月，果期 7 ～ 10 月。

生境与分布：常见于较荫蔽的山谷湿润地区，阳坡灌木丛中偶有生长。分布于我国台湾、福建、江西、广东、海南、广西、贵州、云南等地。印度、菲律宾、日本、越南、老挝、泰国也有分布。

常见程度：★★★

毛黄肉楠

拉丁学名：*Actinodaphne pilosa*（Lour.）Merr.

科　　属：樟科　黄肉楠属

形态特征：乔木或灌木。小枝粗壮，幼枝、幼叶、老叶背面、叶柄、花序梗、花梗均密被锈色茸毛。叶互生或聚生成轮生状，叶片倒卵形或有时椭圆形，长 12 ～ 24 cm，宽 5 ～ 12 cm，先端突尖，基部楔形，革质，羽状脉，侧脉每边 5 ～ 7（10）条；叶柄粗壮，长 1.5 ～ 3 cm。花序腋生或枝侧生，由伞形花序组成圆锥状；雄花序总梗较长，长达 7 cm，雌花序总梗稍短；每个伞形花序梗长 1 ～ 2 cm，有花 5 朵；花梗长约 4 mm；花被裂片 6 片，两面有柔毛；雄花花被裂片长约 3 mm；能育雄蕊 9 枚，花丝有长柔毛；雌花较雄花略小；退化雄蕊匙形，细小，长约 1 mm，基部有长柔毛；雌蕊被长柔毛，花柱纤细，柱头 2 浅裂。果球形，直径 4 ～ 6 mm，生于近扁平的盘状果托上；果梗长 3 ～ 4 mm，被柔毛。花期 8 ～ 12 月，果期翌年 2 ～ 3 月。

生境与分布：生于海拔 500 m 以下的旷野丛林或混交林中。分布于我国广东、广西等地。越南、老挝也有分布。

常见程度：★★★

豹皮樟

拉丁学名：*Litsea coreana* var. *sinensis*（Allen）Yang et P. H. Huang

科　　属：樟科　木姜子属

形态特征：常绿乔木。树皮灰色，呈小鳞片状剥落，脱落后呈鹿皮斑痕。幼枝红褐色，无毛，老枝黑褐色，无毛。叶互生，叶片长圆形或披针形，先端多急尖，腹面较光亮，幼时基部沿中脉有柔毛，叶柄腹面有柔毛，背面无毛；羽状脉，侧脉每边 7 ～ 10 条，在两面均微凸起，中脉在两面均凸起，网脉不明显；叶柄长 6 ～ 16 mm，无毛。伞形花序腋生，无花序梗或有极短的花序梗，每个花序有花 3 朵或 4 朵；花梗粗短，密被长柔毛；花被裂片 6 片，卵形或椭圆形，外面被柔毛；雄蕊 9 枚，花丝有长柔毛，腺体箭形，有柄，无退化雌蕊；雌花中子房近球形，花柱有稀疏柔毛，柱头 2 裂；退化雄蕊丝状，有长柔毛。果近球形，直径 7 ～ 8 mm；果托扁平，宿存有花被裂片 6 片；果梗长约 5 mm。花期 8 ～ 9 月，果期翌年夏季。

生境与分布：生于海拔 900 m 以下的山地杂木林中。分布于我国浙江、江苏、安徽、河南、湖北、江西、福建等地。

常见程度：★

潺槁木姜子

拉丁学名：*Litsea glutinosa*（Lour.）C. B. Rob.

科　　属：樟科　木姜子属

形态特征：常绿阔叶乔木，高可达 15 m。树皮光滑，呈灰色，内皮有黏质。叶互生，叶片椭圆形，革质，叶腹面深绿色，有光泽，背面淡绿色，叶长 6.5 ～ 10 cm，边全缘。花细小，腋生，淡黄色。果实为球形浆果，熟时深褐色至黑色，直径约 7 mm；果梗长 5 ～ 6 mm。花期 5 ～ 6 月，果期 9 ～ 10 月。

生境与分布：生于海拔 1900 m 以下的山地林缘、溪旁、疏林或灌木丛中。分布于我国云南、广西、广东、福建、云南等地。印度、缅甸、菲律宾也有分布。

常见程度：★★★

假柿木姜子

拉丁学名：*Litsea monopetala*（Roxb.）Pers.

科　　属：樟科　木姜子属

形态特征：常绿乔木。小枝淡绿色，密被锈色短柔毛。叶互生，叶片宽卵形、倒卵形至卵状长圆形，长 8 ～ 20 cm，宽 4 ～ 12 cm，先端钝形或圆形，偶有急尖，基部圆或急尖，薄革质，幼叶腹面沿中脉有锈色短柔毛，老时渐脱落变无毛，背面密被锈色短柔毛，羽状，侧脉每边 8 ～ 12 条，有近平行的横脉相连，侧脉较直，中脉、侧脉在叶腹面均下陷；叶柄长 1 ～ 3 cm，密被锈色短柔毛。伞形花序簇生于叶腋，花序梗极短；花梗长 6 ～ 7 mm，有锈色柔毛；雄花花被片 5 片或 6 片，披针形，长约 2.5 mm，黄白色；能育雄蕊 9 枚，花丝纤细，有柔毛，腺体有柄；雌花较小；退化雄蕊有柔毛；子房无毛。果长卵形，长约 7 mm，直径约 5 mm；果托浅碟状，果梗长约 1 cm。花期 11 月至翌年 5 ～ 6 月，果期 6 ～ 7 月。

生境与分布：生于阳坡灌木丛或疏林中，多见于低海拔的丘陵地区。分布于我国广东、广西、贵州、云南等地。东南亚各国、印度、巴基斯坦也有分布。

常见程度：★★

山鸡椒

拉丁学名：*Litsea cubeba*（Lour.）Pers.

科　　属：樟科　木姜子属

形态特征：落叶灌木或小乔木。幼树树皮黄绿色，光滑。小枝细长，绿色，无毛，枝、叶具芳香味。叶互生，叶片披针形或长圆形，长 4 ～ 11 cm，宽 1.1 ～ 2.4 cm，先端渐尖，基部楔形，纸质，腹面深绿色，背面粉绿色，两面均无毛，羽状脉，侧脉每边 6 ～ 10 条，纤细，中脉、侧脉在两面均凸起；叶柄长 6 ～ 20 mm，纤细，无毛。伞形花序单生或簇生，花序梗细长，长 6 ～ 10 mm；每个花序有花 4 ～ 6 朵，先于叶开放或与叶同时开放；能育雄蕊 9 枚，花丝中下部有毛；子房卵形；花柱短，柱头头状。果近球形，直径约 5 mm，无毛，幼时绿色，熟时黑色；果梗长 2 ～ 4 mm，先端稍增粗。花期 2 ～ 3 月，果期 7 ～ 8 月。

生境与分布：生于向阳山地、灌木丛、疏林或林中路旁。分布于我国广东、广西、福建、台湾、浙江、江苏、安徽、湖南、湖北、江西、贵州、四川、云南、西藏等地。东南亚各国也有分布。

常见程度：★★★

黄樟

拉丁学名：*Cinnamomum parthenoxylon*（Jack）Meisner

科　　属：樟科　樟属

形态特征：常绿乔木。树皮深纵裂，小片剥落。枝条粗壮，圆柱形，绿褐色，小枝具棱角，无毛。叶互生，叶片常为椭圆状卵形或长椭圆状卵形，长 6 ～ 12 cm，宽 3 ～ 6 cm，在花枝上的稍小，先端通常急尖或短渐尖，基部楔形或阔楔形，革质，腹面深绿色，背面色稍浅，两面均无毛或仅背面腺窝具毛簇，羽状脉，侧脉每边 4 条或 5 条，侧脉脉腋腹面不明显凸起，背面无明显的腺窝；叶柄长 1.5 ～ 3 cm，腹凹背凸，无毛。圆锥花序长 4.5 ～ 8 cm，各级序轴及花梗均无毛；花小，长约 3 mm，绿带黄色；花梗纤细，长达 4 mm；花被外面无毛；能育雄蕊 9 枚，花丝被短柔毛。果球形，直径 6 ～ 8 mm，黑色；果托狭长倒锥形，长约 1 cm 或稍短，基部宽约 1 mm，红色，有纵长的条纹。花期 3 ～ 5 月，果期 4 ～ 10 月。

生境与分布：耐阴，喜湿润肥厚的酸性土壤。生于海拔 1500 m 以下的常绿阔叶林。分布于我国广东、广西、福建、江西、湖南、贵州、四川、云南等地。巴基斯坦、印度、马来西亚、印度尼西亚也有分布。

常见程度：★

肉桂

拉丁学名：*Cinnamomum* cassia Presl

科　　属：樟科　樟属

形态特征：乔木。叶互生或近对生，叶片长椭圆形至近披针形，长 8 ～ 16（34）cm，宽 4 ～ 5.5（9.5）cm，先端稍急尖，基部急尖，革质，边缘软骨质，内卷，腹面绿色，有光泽，无毛，背面淡绿色，暗淡，疏被黄色短茸毛，离基出脉 3 条，侧脉与中脉在腹面明显凹陷；叶柄粗壮，长 1.2 ～ 2 cm，被黄色短茸毛。圆锥花序腋生或近顶生，长 8 ～ 16 cm，三级分枝，分枝末端为 3 朵花的聚伞花序，各级序轴被黄色茸毛；花白色，长约 4.5 mm；花被内外两面均密被黄褐色短茸毛；能育雄蕊 9 枚，花丝被柔毛；退化雄蕊 3 枚，位于最内轮；子房卵球形，长约 1.7mm，无毛；花柱纤细，与子房等长，柱头小，不明显。果椭圆形，长约 1 cm，宽 7 ～ 8（9）mm，熟时黑紫色，无毛；果托浅杯状，长约 4 mm，顶端宽达 7 mm，边缘截平或略具齿裂。花期 6 ～ 8 月，果期 10 ～ 12 月。

生境与分布：原产于中国，现于我国广东、广西、福建、台湾、云南等热带及亚热带地区广为栽培，其中尤以广西栽培为多。印度、老挝、越南、印度尼西亚也有分布，但大多为人工栽培。

常见程度：★

杜茎山

拉丁学名：*Maesa japonica*（Thunb.）Moritzi.

科　　属：紫金牛科　杜茎山属

形态特征：灌木。小枝无毛，具细条纹，疏生皮孔。叶片革质，椭圆形至披针状椭圆形，或倒卵形至长圆状倒卵形，或披针形，顶端渐尖、急尖或钝，有时尾状渐尖，一般长约 10 cm，宽约 3 cm，几全缘或中部以上具疏锯齿，两面均无毛，腹面中脉、侧脉及细脉微隆起，侧脉 5 ～ 8 对，尾端直达齿尖；叶柄长 5 ～ 13 mm，无毛。总状花序或圆锥花序，1 ～ 3 个腋生，长 1 ～ 3（4）cm，仅近基部具少数分枝，无毛；苞片长不到 1 mm；花梗长 2 ～ 3 mm；花萼长约 2 mm，具细缘毛；花冠白色，长钟形，花冠管长 3.5 ～ 4 mm，具明显的脉状腺条纹；雄蕊着生于花冠管中部略上，内藏，花丝与花药等长；柱头分裂。果球形，直径 4 ～ 5 mm，有时达 6 mm，肉质，具脉状腺条纹，宿存萼包果顶端，常冠宿存花柱。花期 1 ～ 3 月，果期 10 月或翌年 5 月。

生境与分布：生于山坡、石灰山杂木林下阳处或路旁灌木丛中。分布于我国西南地区及台湾以南各地。

常见程度：★★

鲫鱼胆

拉丁学名：*Maesa perlarius*（Lour.）Merr.

科　　属：紫金牛科　杜茎山属

形态特征：小灌木。分枝多，小枝被长硬毛或短柔毛，有时无毛。叶片纸质或近坚纸质，广椭圆状卵形至椭圆形，顶端急尖或突然渐尖，基部楔形，长 7 ～ 11 cm，宽 3 ～ 5 cm，边缘从中下部以上具粗锯齿，下部常全缘，幼时两面均被密长硬毛，中脉隆起，侧脉 7 ～ 9 对，尾端直达齿尖；叶柄长 7 ～ 10 mm，被长硬毛或短柔毛。总状花序或圆锥花序腋生，长 2 ～ 4 cm，具 2 分枝或 3 分枝，被长硬毛和短柔毛；花梗长约 2 mm；花长约 2 mm；花冠白色，钟形，长约为花萼的 2 倍，无毛，具脉状腺条纹；雄蕊在雌花中退化，在雄花中着生于花冠管上部，内藏；柱头 4 裂。果球形，直径约 3 mm，无毛，具脉状腺条纹；宿存萼片达果 2/3 处，常冠以宿存花柱。花期 3 ～ 4 月，果期 12 月至翌年 5 月。

生境与分布：生于海拔 150 ～ 1350 m 的山坡、路边疏林或灌木丛中湿润的地方。分布于我国四川、贵州及台湾以南沿海各地。

常见程度：★★★

朱砂根

拉丁学名：*Ardisia crenata* Sims

科　　属：紫金牛科　紫金牛属

形态特征：灌木。茎粗壮，无毛，除侧生特殊花枝外，无分枝。叶片革质或坚纸质，椭圆形、椭圆状披针形至倒披针形，顶端急尖或渐尖，基部楔形，长 7 ～ 15 cm，宽 2 ～ 4 cm，边缘具皱波状或波状齿，具明显的边缘腺点，两面均无毛，侧脉 12 ～ 18 对；叶柄长约 1 cm。伞形花序或聚伞花序，着生于侧生特殊花枝顶端；花枝近顶端常具叶；花梗长 7 ～ 10 mm，几无毛；花长 4 ～ 6 mm；花萼仅基部连合，全缘，两面均无毛，具腺点；花瓣白色，稀略带粉红色，盛开时反卷，卵形，顶端急尖，具腺点，外面无毛，里面有时近基部具乳头状突起；雄蕊较花瓣短。果球形，直径 6 ～ 8 mm，鲜红色，具腺点。花期 5 ～ 6 月，果期 10 ～ 12 月，有时翌年 2 ～ 4 月。

生境与分布：生于海拔 90 ～ 2400 m 的疏林、密林下阴湿的灌木丛中。分布于我国西藏、台湾及湖北至海南各地。印度、马来半岛、印度尼西亚、日本也有分布。

常见程度：★

藤本植物

蔓草虫豆

拉丁学名：*Cajanus scarabaeoides*（Linn.）Thouars

科　　属：蝶形花科　木豆属

形态特征：蔓生或缠绕状草质藤本。茎纤弱，长可达 2 m，具细纵棱，多少被红褐色或灰褐色短茸毛。叶具羽状小叶 3 枚；托叶小，常早落；叶柄长 1 ～ 3 cm；小叶纸质或近革质，背面有腺状斑点，顶生小叶椭圆形至倒卵状椭圆形，长 1.5 ～ 4 cm，宽 0.8 ～ 1.5（3）cm，先端钝或圆，侧生小叶稍小，两面均被褐色短柔毛；基出脉 3 条；小托叶缺；小叶柄极短。总状花序腋生，通常长不及 2 cm，有花 1 ～ 5 朵；花序梗长 2 ～ 5 mm；花萼钟状，4 齿裂或有时腹面 2 枚不完全合生而呈 5 裂状；总轴、花梗、花萼均被黄褐色至灰褐色茸毛；花冠黄色，长约 1 cm，旗瓣有暗紫色条纹。荚果长圆形，长 1.5 ～ 2.5 cm，宽约 6 mm，密被红褐色或灰黄色长毛；果瓣革质，于种子间有横缢线。种子 3 ～ 7 粒，椭圆状，长约 4 mm；种皮黑褐色，有凸起的种阜。花期 9 ～ 10 月，果期 11 ～ 12 月。

生境与分布：常生于海拔 150 ～ 1500 m 的旷野、路旁或山坡草丛中。分布于云南、四川、贵州、广西、广东、海南、福建、台湾等地。琉球群岛、越南、泰国、缅甸、不丹、尼泊尔、孟加拉国、印度、斯里兰卡、巴基斯坦、马来西亚、印度尼西亚、大洋洲、非洲也有分布。

常见程度：★★

葛

拉丁学名：*Pueraria montana*（Lour.）Merr.

科　　属：豆科　葛属

形态特征：粗壮藤本，长可达 8 m。全体被黄色长硬毛。茎基部木质，有粗厚的块状根。羽状复叶具小叶 3 枚；托叶背着，卵状长圆形，具线条；小托叶线状披针形，与小叶柄等长或较长；小叶 3 裂，偶尔全缘，顶生小叶宽卵形或斜卵形，长 7 ～ 15（19）cm，宽 5 ～ 12（18）cm，先端长渐尖，腹面被淡黄色、平伏的疏柔毛，背面较密；小叶柄被黄褐色茸毛。总状花序长 15 ～ 30 cm，中部以上有颇密集的花；花 2 朵或 3 朵聚生于花序轴的节上；花萼钟形，长 8 ～ 10 mm，被黄褐色柔毛；花冠长 10 ～ 12 mm，紫色。荚果长椭圆形，长 5 ～ 9 cm，宽 8 ～ 11 mm，扁平，被褐色长硬毛。花期 9 ～ 10 月，果期 11 ～ 12 月。

生境与分布：生于山地疏林或密林中。我国除新疆、青海、西藏外，各地均有分布。东南亚至澳大利亚也有分布。

常见程度：★★★

藤黄檀

拉丁学名：*Dalbergia hancei* Benth.

科　　属：豆科　黄檀属

形态特征：藤本。枝纤细，幼枝略被柔毛，小枝有时变钩状或旋扭。羽状复叶长 5 ～ 8 cm；托叶早落；小叶 3 ～ 6 对，较小，狭长圆形或倒卵状长圆形，长 10 ～ 20 mm，宽 5 ～ 10 mm，先端钝或圆，微缺，基部圆或阔楔形，嫩时两面均被伏贴疏柔毛，成长时腹面无毛。总状花序远较复叶短，幼时包藏于舟状或覆瓦状排列、早落的苞片内，数个总状花序常再集成腋生短圆锥花序；花梗长 1 ～ 2 mm，与花萼和小苞片均被褐色短茸毛；花萼阔钟状，长约 3 mm，具缘毛；花冠绿白色，芳香，长约 6 mm，各瓣均具长柄。荚果扁平，长圆形或带状，无毛，长 3 ～ 7 cm，宽 8 ～ 14 mm，基部收缩成一细果颈，通常有种子 1 粒，稀 2 ～ 4 粒。种子肾形，极扁平，长约 8 mm，宽约 5 mm。花期 4 ～ 5 月。

生境与分布：生于山坡灌木丛中或山谷溪旁。分布于我国安徽、浙江、江西、福建、广东、海南、广西、四川、贵州等地。

常见程度：★

老虎刺

拉丁学名：*Pterolobium punctatum* Hemsl.

科　　属：豆科　老虎刺属

形态特征：木质藤本或攀缘灌木。小枝具棱，幼嫩时银白色，被短柔毛及浅黄色毛，老后脱落，具黑色、下弯的短钩刺。叶轴长 12 ～ 20 cm；叶柄长 3 ～ 5 cm，亦有成对黑色托叶刺；羽片 9 ～ 14 对，狭长；羽轴长 5 ～ 8 cm，腹面具槽，小叶片 19 ～ 30 对，对生，狭长圆形，中部的长 9 ～ 10 mm，宽 2 ～ 2.5 mm，两面均被黄色毛；小叶柄短，具关节。总状花序被短柔毛，长 8 ～ 13 cm，宽 1.5 ～ 2.5 cm，腋上生或于枝顶排列成圆锥状；花梗纤细，长 2 ～ 4 mm，相距 1 ～ 2 mm；萼片 5 片；花瓣相等，稍长于萼；雄蕊 10 枚，等长，伸出，花丝长 5 ～ 6 cm，中部以下被柔毛。荚果长 4 ～ 6 cm，翅长约 4 cm，宽 1.3 ～ 1.5 cm，光亮，颈部具宿存的花柱。种子单一，扁，长约 8 mm。花期 6 ～ 8 月，果期 9 月至翌年 1 月。

生境与分布：生于山坡、林中、路边、宅旁。分布于我国江西、湖北、湖南、广东、广西、四川、贵州、云南等地。

常见程度：★★

粪箕笃

拉丁学名：*Stephania longa* Lour.

科　　属：防己科　千金藤属

形态特征：多年生缠绕草质藤本。茎柔弱，有纵行线条，无毛。叶片纸质或膜质，三角状卵形，长 3 ～ 9 cm，宽 2 ～ 6 cm，先端极钝或稍凹入而剖、突尖，基部浑圆或截头形，腹面绿色，背面淡绿色或粉绿色，主脉约 10 条，由叶柄着生处向四周放射；叶柄盾状着生，长 3 ～ 5 cm。花小，雌雄异株，为假伞形花序；雄花的伞形花序不分枝，生于短而蜿蜒状的小枝上；花序柄长 1.5 ～ 3 cm；小伞形花序 5 ～ 8 个，被粉状小柔毛；雄花萼片 8 片，被小柔毛；花瓣 4 片，淡绿色，倒卵形；雄蕊花丝愈合，呈柱头状，顶端花药亦愈合呈圆盘状，横裂，边缘呈白色细环纹；雌花萼片 3 ～ 6 片，花瓣与雄花相似。核果红色，干后扁平，马蹄形，长约 6 mm，宽 4 ～ 5 mm。花期 6 ～ 8 月。

生境与分布：生于山地、疏林中干燥处，常缠绕于灌木上。分布于我国广东、广西等地。

常见程度：★★★

细圆藤

拉丁学名：*Pericampylus glaucus*（Lam.）Merr.

科　　属：防己科　细圆藤属

形态特征：木质藤本。小枝通常被灰黄色茸毛，有条纹。叶片纸质至薄革质，三角状卵形至三角状近圆形，很少卵状椭圆形，长 3.5 ～ 8 cm，顶端钝或圆，很少短尖，有小凸尖，基部近截平至心形，边缘有圆齿或近全缘，两面均被茸毛或腹面被疏柔毛至近无毛；掌状脉 5 条，很少 3 条，网状小脉稍明显；叶柄长 3 ～ 7 cm，被茸毛，通常生于叶片基部，极少稍盾状着生。聚伞花序伞房状，长 2 ～ 10 cm，被茸毛；雄花萼片背面多少被毛；花瓣 6 片，长 0.5 ～ 0.7 mm，边缘内卷；雄蕊 6 枚，花丝分离，聚合上升，或不同程度的黏合，长约 0.75 mm；雌花的萼片和花瓣与雄花相似；退化雄蕊 6 枚；子房长 0.5 ～ 0.7 mm；柱头 2 裂。核果红色或紫色，果核直径 5 ～ 6 mm。花期 4 ～ 6 月，果期 9 ～ 10 月。

生境与分布：生于海拔 50 ～ 1500 m 的林中或林缘，也见于灌木丛中。广泛分布于我国长江以南各地。东南亚国家也有分布。

常见程度：★★

海金沙

拉丁学名：*Lygodium japonicum*（Thunb.）Sw.

科　　属：海金沙科　海金沙属

形态特征：藤本。叶轴腹面有 2 条狭边，羽片多数，相距 9 ～ 11 cm，对生于叶轴上的短距两侧，平展；距长达 3 mm。顶端有一丛黄色柔毛复盖腋芽。不育羽片尖三角形，长宽几相等，10 ～ 12 cm 或较狭，二回羽状；一回羽片 2 ～ 4 对，互生，柄长 4 ～ 8 mm，和小羽轴均有狭翅及短毛，基部一对卵圆形，长 4 ～ 8 cm，宽 3 ～ 6 cm，一回羽状；二回小羽片 2 对或 3 对，卵状三角形，互生，掌状 3 裂；末回裂片短阔，中央一条长 2 ～ 3 cm，宽 6 ～ 8 mm，顶端的二回羽片长 2.5 ～ 3.5 cm，宽 8 ～ 10 mm，波状浅裂；主脉明显，侧脉纤细；叶片纸质，干后绿褐色，两面沿中肋及脉上略有短毛。

生境与分布：分布于我国江苏、浙江、安徽、福建、台湾、广东、香港、广西、湖南、贵州、四川、云南、陕西等地。

常见程度：★★★

曲轴海金沙

拉丁学名：*Lygodium flexuosum*（L.）Sw.

科　　属：海金沙科　海金沙属

形态特征：藤本。三回羽状；羽片多数，相距 9 ～ 15 cm，对生于叶轴的短距上，向两侧平展，距端有一丛淡棕色柔毛。羽片长圆三角形，长 16 ～ 25 cm，宽 15 ～ 20 cm，羽柄长约 2.5 cm，羽轴多少向左右弯曲，奇数二回羽状，一回小羽片 3 ～ 5 对，开展，基部一对最大，长 9 ～ 10.5 cm，宽 5 ～ 9.5 cm，有长 3 ～ 7 cm 的小柄，顶端无关节，下部羽状；末回裂片 1 ～ 3 对，无关节，长 1.2 ～ 5 cm，宽 1 ～ 1.5 cm，距腹面一对 5 ～ 8 mm，向上的末回羽片渐短，顶端一片特长，披针形，长 5 ～ 9 cm，宽 1.2 ～ 1.5 cm；自第二对或第三对的一回小羽片起不分裂；叶缘有细锯齿；叶面沿中脉及小脉略被刚毛。孢子囊穗长 3 ～ 9 mm，线形，棕褐色，无毛，小羽片顶部通常不育。

生境与分布：生于疏林中。分布于我国广东、海南、广西、贵州、云南等地。越南、泰国、印度、马来西亚、菲律宾、澳大利亚也有分布。

常见程度：★★

络石

拉丁学名：*Trachelospermum jasminoides*（Lindl.）Lem.

科　　属：夹竹桃科　络石属

形态特征：常绿木质藤本，长达 10 m，具乳状汁液。小枝、叶背、嫩叶柄均被短柔毛，老时无毛。叶片革质或近革质，椭圆形至卵状椭圆形，长 2 ～ 10 cm，宽 1 ～ 4.5 cm，顶端锐尖至渐尖或钝，基部渐狭至钝。聚伞花序，与叶等长或稍长；花蕾顶端钝；花萼裂片线状披针形，顶部反卷，外面被长柔毛或缘毛；花冠白色，芳香，冠筒中部膨大；雄蕊着生于冠筒内壁中部，花药内藏。蓇葖双生，叉开，线状披针形，长 10 ～ 20 cm，直径 3 ～ 10 mm。种子褐色，线形，顶部具白色绢质种毛；种毛长 1.5 ～ 3 cm。花期 3 ～ 5 月，果期 7 ～ 12 月。

生境与分布：生于山野、溪边、路旁、林缘或杂木林中，常缠绕于树上或攀缘于墙壁、岩石上。分布于我国南方各地。日本、朝鲜、越南也有分布。

常见程度：★★

毒根斑鸠菊

拉丁学名：*Vernonia cumingiana* Benth.

科　　属：菊科　斑鸠菊属

形态特征：攀缘灌木或藤本。枝圆柱形，具条纹，被锈色或灰褐色密茸毛。叶具短柄，叶片厚纸质，卵状长圆形，长圆状椭圆形或长圆状披针形，长 7 ～ 21 cm，宽 3 ～ 8 cm，顶端尖或短渐尖，基部楔形或近圆形，全缘或稀具疏浅齿，侧脉 5 ～ 7 对，弧状向近边缘相连结，细脉明显网状，两面均有树脂状腺；叶柄 5 ～ 15 mm，密被锈色短茸毛。头状花序较多数，直径 8 ～ 10 mm，具花 18 ～ 21 朵；花序梗长 5 ～ 10 mm，密被锈色或灰褐色短茸毛和腺；总苞卵状球形或钟状，长 8 ～ 10 mm，宽 6 ～ 8 mm；总苞片 5 层，覆瓦状，背面被锈色或黄褐色短茸毛；花淡红色或淡红紫色，花冠管状，长 8 ～ 10 mm。瘦果近圆柱形，长 4 ～ 4.5 mm，具 10 条肋，被短柔毛；冠毛红色或红褐色。花期 10 月至翌年 4 月。

生境与分布：生于山沟、溪边或路旁灌木丛中。分布于我国云南、四川、贵州、广西、广东、福建、台湾等地。

常见程度：★★

古钩藤

拉丁学名：*Cryptolepis buchananii* Roem. et Schult.

科　　属：萝藦科　白叶藤属

形态特征：木质藤本，具乳状汁液。小枝灰绿色，无毛。叶片纸质，长圆形或椭圆形，长10～18 cm，宽4.5～7.5 cm，顶端圆形具小尖头，基部阔楔形，叶腹面绿色，背面苍白色，无毛；侧脉近水平横出，每边约30条。聚伞花序腋生，比叶短；花萼裂片长约1.5 mm，花萼内面基部具腺体10个；花冠黄白色，花冠筒比裂片短，长约2 mm，裂片披针形，长约7 mm，宽1.5～2 mm，无毛，向右覆盖；副花冠裂片5片，着生于花冠筒喉部之下；雄蕊着生于花冠筒的中部，离生，背面具长硬毛，腹部粘生于柱头基部；子房无毛。蓇葖2个，叉开成直线，长圆形，长6.5～8 cm，直径1～2 cm，外果皮具纵条纹，无毛。种子卵圆形，长约6 mm，宽约3 mm，顶端具白色绢质种毛；种毛长约3.5 cm。花期3～8月，果期6～12月。

生境与分布：生于海拔500～1500 m的山地疏林或山谷密林中，攀缘于树上。分布于我国云南、贵州、广西、广东等地。

常见程度：★

暗消藤

拉丁学名：*Streptocaulon juventas*（Lour.）Merr.

科　　属：萝藦科　马莲鞍属

形态特征：木质藤本，具乳状汁液。茎褐色，具皮孔。枝条、叶、花梗、果实均密被棕黄色茸毛，老枝被毛渐脱落。叶片厚纸质，倒卵形至阔椭圆形，长 7 ～ 15 cm，宽 3 ～ 7 cm，中部以上较宽，顶端急尖或钝，具小尖头，基部浅心形，叶腹面深绿色，背面浅绿色；中脉和侧脉在腹面凹陷，侧脉每边 14 ～ 18 条，羽状脉平行；叶柄长 3 ～ 7 mm。聚伞花序腋生，三歧，阔圆锥状；花序梗和花梗有许多苞片和小苞片着生；花小，长和宽均约 3 mm；花冠外面黄绿色，内面黄红色，辐状；副花冠裂片丝状；花丝离生，花药与柱头顶贴连。蓇葖双生，张开成直线或达 200° 角，圆柱状，长 7 ～ 12 cm，直径 5 ～ 7 mm，外果皮密被茸毛。种子长圆形，扁平，长约 9 mm，宽约 3 mm，棕褐色，种毛长约 3 cm。花期 6 ～ 10 月，果期 8 月至翌年 3 月。

生境与分布：生于山野坡地、山谷疏林或路旁灌木丛中。分布于我国广西、贵州、云南等地。

常见程度：★★

威灵仙

拉丁学名：*Clematis chinensis* Osbeck

科　　属：毛茛科　铁线莲属

形态特征：木质藤本。干后变黑色。茎、小枝近无毛或疏生短柔毛。一回羽状复叶有小叶5枚，有时3枚或7枚，偶尔基部一对，第二对2～3裂至2～3枚小叶；小叶片纸质，卵形至卵状披针形，或线状披针形、卵圆形，长1.5～10 cm，宽1～7 cm，顶端锐尖至渐尖，偶有微凹，基部圆形、宽楔形至浅心形，全缘，两面均近无毛，或疏生短柔毛。常为圆锥状聚伞花序，多花；花直径1～2 cm；萼片4片或5片，开展，白色，长圆形或长圆状倒卵形，长0.5～1（1.5）cm，顶端常凸尖，外面边缘密生茸毛或中间有短柔毛；雄蕊无毛。瘦果扁，3～7个，卵形至宽椭圆形，长5～7 mm，有柔毛，宿存花柱长2～5 cm。花期6～9月，果期8～11月。

生境与分布：分布于我国云南、贵州、四川、陕西、广西、广东、湖南、湖北、河南、福建、台湾、江西、浙江、江苏等地。

常见程度：★★

小叶红叶藤

拉丁学名：*Rourea microphylla*（Hook. et Arn.）Planch.

科　　属：牛栓藤科　红叶藤属

形态特征：攀缘灌木，高 1 ～ 4 m。多分枝，小枝褐色。奇数羽状复叶，幼叶红色，叶轴长 5 ～ 12 cm，小叶 7 ～ 17（27）片，叶片卵形、披针形或长圆状披针形，长 1.5 ～ 4 cm，宽 0.5 ～ 2 cm，先端渐尖或钝，基部楔形至圆形，常偏斜，全缘，两面均无毛，腹面光亮，背面稍带粉绿色；中脉在腹面凸起，侧脉 4 ～ 7 对，纤细；小叶柄长 2 mm。圆锥花序腋生，长 3 ～ 6 cm；萼片卵形，花芳香，花瓣白色、淡黄色或粉红色，椭圆形，具纵向条纹，先端急尖；雄蕊约 10 枚，花药纵向浅裂，花丝最长者 6 mm，短者约 4 mm；雌蕊离生，长 3 ～ 5 mm，子房长圆形。蓇葖椭圆形或斜卵形，长约 1.4 cm，宽约 0.5 cm，熟时红色，顶端急尖，有纵条纹，基部有宿存萼片。种子椭圆形，长约 1 cm，橙黄色，为膜质假种皮所包被。花期 3 ～ 9 月，果期 5 月至翌年 3 月。

生境与分布：生于海拔 600 m 以下的山坡或疏林中。分布于我国福建、广东、云南等地。印度、印度尼西亚、斯里兰卡、越南也有分布。

常见程度：★

广东蛇葡萄

拉丁学名：*Ampelopsis cantoniensis*（Hook. et Arn.）Planch.

科　　属：葡萄科　蛇葡萄属

形态特征：攀缘灌木。小枝圆柱形，有纵棱纹，嫩枝多少被短柔毛。一回羽状复叶，小叶 3 ～ 5 枚，或为近二回羽状复叶，最下面一对羽片各有小叶 3 枚；小叶具短柄或近无柄，叶片近革质，卵形、卵椭圆形或长椭圆形，大小差异大，最大的长 5 ～ 8 cm，最小的长不及 2.5 cm；边缘有不明显的钝齿；背面苍白色，常被白粉或为黄褐绿色；基出脉 3 条或有时为羽状脉，侧脉 4 ～ 7 对。二歧聚伞花序与叶对生，多花，总花梗长 4 ～ 6 cm。浆果倒卵状球形，直径 5 ～ 6 mm，熟时深紫色或紫黑色。花期 4 ～ 7 月，果期 5 ～ 8 月。

生境与分布：生于海拔 100 ～ 850 m 的山谷林中或山坡灌木丛中。分布于我国安徽、浙江、福建、台湾、湖北、湖南、广东、广西、海南、贵州、云南、西藏等地。

常见程度：★★

乌蔹莓

拉丁学名：*Cayratia japonica*（Thunb.）Gagnep.

科　　属：葡萄科　乌蔹莓属

形态特征：草质藤本。小枝圆柱形，有纵棱纹，无毛或微被疏柔毛。卷须2叉或3叉分枝，相隔2节间断与叶对生。叶为鸟足状5小叶，中央小叶长椭圆形或椭圆状披针形，长2.5～4.5 cm，宽1.5～4.5 cm，顶端急尖或渐尖，基部楔形，边缘每侧有锯齿6～15个，无毛；侧脉5～9对，网脉不明显；叶柄长1.5～10 cm；托叶早落。花序腋生，复二歧聚伞花序；花梗长1～2 mm，几无毛；花瓣4片，三角状卵圆形，高1～1.5 mm；雄蕊4枚；花盘发达，4浅裂；子房下部与花盘合生。果实近球形，直径约1 cm。花期4～7月，果期8～11月。

生境与分布：生于海拔300～2500 m的山谷林中或山坡灌木丛中。分布于我国陕西、河南、山东、安徽、江苏、浙江、湖北、湖南、福建、台湾、广东、广西、海南、四川、贵州、云南等地。日本、菲律宾、越南、缅甸、印度、印度尼西亚、澳大利亚也有分布。

常见程度：★★★

鸡眼藤

拉丁学名：*Morinda parvifolia* Bartl. et DC.

科　　属：茜草科　巴戟天属

形态特征：攀缘、缠绕或平卧藤本。嫩枝密被短粗毛。叶形多变，倒卵形、线状倒披针形、近披针形、倒披针形或倒卵状长圆形，长 2 ～ 5（7）cm，宽 0.3 ～ 3 cm，顶端急尖、渐尖或具小短尖，基部楔形，边全缘或具疏缘毛，正面中脉常被粒状短毛，背面初时被柔毛，后变无毛，中脉通常被短硬毛；侧脉不明显，每边 3 条或 4 条，多至 6 条，脉腋有毛；叶柄长 3 ～ 8 mm，被短粗毛；托叶筒状，干膜质，长 2 ～ 4 mm，顶端截平，每侧常具刚毛状伸出物 1 条或 2 条。花序（2）3 ～ 9 个伞状排列于枝顶；头状花序直径 5 ～ 8 mm；花 4 基数或 5 基数；花萼下部各花彼此合生；花冠白色，长 6 ～ 7 mm，管部长约 2 mm，直径 2 ～ 3 mm；柱头 2 裂，外反。聚花核果近球形，直径 6 ～ 10（15）mm，熟时橙红色至橘红色；核果具分核 2 ～ 4 粒。花期 4 ～ 6 月，果期 7 ～ 8 月。

生境与分布：生于平原路旁、沟边的灌木丛中或平卧于裸地上，丘陵地的灌木丛中或疏林下亦常见。分布于我国江西、福建、台湾、广东、香港、海南、广西等地。菲律宾、越南也有分布。

常见程度：★★

羊角藤

拉丁学名：*Morinda umbellata* L. subsp. *obovata* Y. Z. Ruan

科　　属：茜草科　巴戟天属

形态特征：攀缘或缠绕藤本，有时呈披散灌木状。嫩枝无毛，绿色。叶片纸质或革质，倒卵形、倒卵状披针形或倒卵状长圆形，长 6 ～ 9 cm，宽 2 ～ 3.5 cm，顶端渐尖或具小短尖，基部渐狭或楔形，全缘，腹面光亮，无毛；中脉常两面均无毛，侧脉每边 4 条或 5 条；叶柄长 4 ～ 6 mm；托叶筒状，干膜质，长 4 ～ 6 mm，顶截平。花序 3 ～ 11 个伞状排列于枝顶；头状花序直径 6 ～ 10 mm，具花 6 ～ 12 朵；花 4 基数或 5 基数；各花萼下部彼此合生；花冠白色，长约 4 mm，管部宽，长与直径均约 2 mm，无毛；雄蕊与花冠裂片同数，着生于裂片侧基部；花柱通常不存在，柱头常 2 裂。聚花核果由花 3 ～ 7 朵发育而成，熟时红色，近球形或扁球形，直径 7 ～ 12 mm；核果具分核 2 ～ 4 粒。种子角质，棕色，与分核同形。花期 6 ～ 7 月，果熟期 10 ～ 11 月。

生境与分布：生于海拔 300 ～ 1200 m 的山地林下、溪旁、路旁的疏阴或密阴的灌木上。分布于我国江苏、安徽、浙江、江西、福建、台湾、湖南、广东、香港、海南、广西等地。

常见程度：★

钩藤

拉丁学名：*Uncaria rhynchophylla*（Miq.）Miq. ex Havil.

科　属：茜草科　钩藤属

形态特征：藤本。嫩枝无毛。叶片纸质，椭圆形或椭圆状长圆形，长 5 ～ 12 cm，宽 3 ～ 7 cm，两面均无毛，背面有时有白粉，顶端短尖或骤尖，基部楔形至截形；侧脉 4 ～ 8 对，脉腋窝陷有黏液毛；叶柄长 5 ～ 15 mm，无毛；托叶狭三角形，2 深裂达全长的 2/3。头状花序单生于叶腋，花序梗具 1 节，苞片微小；花近无梗；花冠管外面无毛，或具疏散的毛，花冠裂片卵圆形，外面无毛或略被粉状短柔毛，边缘有时有纤毛；花柱伸出冠喉外，柱头棒形。果序直径 10 ～ 12 mm；小蒴果长 5 ～ 6 mm，被短柔毛。花果期 5 ～ 12 月。

生境与分布：常生于海拔 800 m 以下的山坡、山谷、溪边、丘陵地带的疏生杂木林间或林缘向阳处。分布于我国广东、广西、云南、贵州、福建、湖南、湖北、江西等地。

常见程度：★

鸡矢藤

拉丁学名：*Paederia foetida* L.

科　　属：茜草科　鸡矢藤属

形态特征：藤本。无毛或近无毛。叶对生，叶片纸质或近革质，形状变化很大，卵形、卵状长圆形至披针形，长 5 ～ 9（15）cm，宽 1 ～ 4（6）cm，顶端急尖或渐尖，基部楔形或近圆或截平，有时浅心形，两面均无毛或近无毛；侧脉每边 4 ～ 6 条，纤细；叶柄长 1.5 ～ 7 cm；托叶长 3 ～ 5 mm，无毛。圆锥花序式的聚伞花序腋生或顶生，扩展，分枝对生，末次分枝上着生的花常呈蝎尾状排列；花具短梗或无梗；花冠浅紫色，花冠管长 7 ～ 10 mm，外面被粉末状柔毛，里面被茸毛，顶部 5 裂，裂片长 1 ～ 2 mm。果球形，熟时近黄色，有光泽，直径 5 ～ 7 mm，顶冠以宿存的萼檐裂片和花盘。花期 5 ～ 7 月。

生境与分布：常生于溪边、河边、路边、林旁及灌木林中，常攀缘于其他植物或岩石上。分布于我国云南、贵州、四川、广西、广东、福建、江西、湖南、湖北、安徽、江苏、浙江等地。

常见程度：★★★

白英

拉丁学名：*Solanum lyratum* Thunb.

科　　属：茄科　茄属

形态特征：草质藤本，长 0.5 ～ 1 m。茎及小枝均密被具节长柔毛。叶互生，叶片多数为琴形，长 3.5 ～ 5.5 cm，宽 2.5 ～ 4.8 cm，基部常 3 ～ 5 深裂，裂片全缘，中裂片较大，两面均被白色发亮的长柔毛，侧脉常每边 5 ～ 7 条；叶柄长 1 ～ 3 cm。聚伞花序顶生或腋外生，疏花，花序梗长 2 ～ 2.5 cm，被具节的长柔毛，花梗长 0.8 ～ 1.5 cm，无毛；萼无毛，萼齿 5 枚；花冠蓝紫色或白色，直径约 1.1 cm，花冠檐长约 6.5 mm，5 深裂；花丝长约 1 mm，花药长约 3 mm；花柱丝状，长约 6 mm。浆果球状，熟时红黑色，直径约 8 mm。

生境与分布：生于山谷草地、路旁、田边。分布于我国甘肃、陕西、山西、河南、山东、江苏、浙江、安徽、江西、福建、台湾、广东、广西、湖南、湖北、四川、云南等地。日本、朝鲜、中南半岛也有分布。

常见程度：★

黄独

拉丁学名：*Dioscorea bulbifera* L.

科　　属：薯蓣科　薯蓣属

形态特征：缠绕草质藤本。块茎卵圆形或梨形，直径 4 ～ 10 cm，常单生，每年由上一年的块茎顶端抽出，很少分枝。茎左旋，浅绿色稍带红紫色，光滑无毛。叶腋内有紫棕色、球形或卵圆形珠芽，大小不一。单叶互生；叶片宽卵状心形或卵状心形，长 15 ～ 26 cm，宽 2 ～ 14（26）cm，顶端尾状渐尖，边缘全缘或微波状，两面均无毛。雄花序穗状，下垂，常数个丛生于叶腋，有时分枝呈圆锥状；雄花单生，密集；花被片披针形，新鲜时紫色；雄蕊 6 枚，着生于花被基部；雌花序与雄花序相似，长 20 ～ 50 cm；退化雄蕊 6 枚。蒴果反折下垂，三棱状长圆形，长 1.5 ～ 3 cm，宽 0.5 ～ 1.5 cm，两端浑圆，熟时草黄色，表面密被紫色小斑点，无毛。种子深褐色，扁卵形，通常两两着生于每室中轴顶部，种翅栗褐色。花期 7 ～ 10 月，果期 8 ～ 11 月。

生境与分布：多生于河谷边、山谷阴沟或杂木林边缘。分布于我国河南、安徽、江苏、浙江、江西、福建、台湾、湖北、湖南、广东、广西、陕西、甘肃、四川、贵州、云南、西藏等地。

常见程度：★★★

锡叶藤

拉丁学名：*Tetracera sarmentosa*（L.）Vahl

科　　属：五桠果科　锡叶藤属

形态特征：常绿藤本，长达 20 m。多分枝，小枝粗糙，幼时被毛。叶片革质，极粗糙，长圆形、椭圆形或长圆状倒卵形，长 3 ～ 15 cm，宽 2 ～ 7 cm，先端钝尖，基部宽楔形，常不等侧，中部以上有小钝齿或近全缘，初时两面具刚毛，脱落后留下砂质小突起，侧脉 10 ～ 15 对；叶柄长 1 ～ 1.5 cm。圆锥花序顶生或腋生，长达 25 cm，被柔毛，花细小，直径 0.8 ～ 1 cm；萼片长 4 ～ 5 mm，被毛；花瓣 3 片，白色，与萼片等长；雄蕊多数，心皮 1 枚，无毛。蓇葖近卵形，长约 1 cm，熟时黄红色，干后果皮革质，微具光泽，有残存花柱。种子 1 粒，假种皮边缘撕裂状。花期 5 ～ 6 月。

生境与分布：生于灌木丛或疏林中。分布于我国广东、广西等地。中南半岛、印度、斯里兰卡、马来西亚、印度尼西亚也有分布。

常见程度：★★

两面针

拉丁学名：*Zanthoxylum nitidum*（Roxb.）DC.

科　　属：芸香科　花椒属

形态特征：幼龄植株为直立灌木，成龄植株为攀缘木质藤本。枝及叶轴均有弯钩锐刺，小叶两面中脉上也有短刺。叶有小叶 3 ～ 11 枚，小叶整齐对生，硬纸质，阔卵形或近圆形，长 3 ～ 12 cm，宽 2 ～ 6 cm，先端长或短尾状，顶端有明显凹口，凹口处有油点，边缘有疏浅裂齿，齿缝处有油点，有时全缘；小叶柄长 2 ～ 5 mm，稀近于无柄。花序腋生，各部无毛；萼片 4 枚，紫绿色；花瓣 4 片，淡黄绿色。果皮红褐色，单个分果瓣直径 6 ～ 7 mm，顶端有短芒尖。种子圆珠状，腹面稍平坦。花期 3 ～ 5 月，果期 9 ～ 11 月。

生境与分布：生于海拔 800 m 以下温热的山地、丘陵、平地的疏林、灌木丛、荒山草坡中。分布于我国台湾、福建、广东、海南、广西、贵州、云南等地。

常见程度：★

白花酸藤果

拉丁学名：*Embelia ribes* Burm. f.

科　　属：紫金牛科　酸藤子属

形态特征：攀缘灌木或藤本，长 3 ～ 6 m，有时 9 m 以上。枝条无毛，老枝有明显皮孔。叶片坚纸质，倒卵状椭圆形或长圆状椭圆形，顶端钝渐尖，基部楔形或圆形，长 5 ～ 8 cm，宽约 3.5 cm，全缘，两面均无毛，背面有时被薄粉，腺点不明显，中脉隆起，侧脉不明显；叶柄长 5 ～ 10 mm，两侧具狭翅。圆锥花序顶生，长 5 ～ 15 cm，稀达 30 cm，被疏乳头状突起或密被微柔毛；花梗长 1.5 mm 以上。果球形或卵形，直径约 4 mm，红色或深紫色，无毛，干时具皱纹或隆起腺点。花期 1 ～ 7 月，果期 5 ～ 12 月。

生境与分布：生于海拔 50 ～ 2000 m 的林内、林缘灌木丛中或路边、坡边灌木丛中。分布于我国贵州、云南、广西、广东、福建等地。印度以东至印度尼西亚也有分布。

常见程度：★★

酸藤子

拉丁学名：*Embelia laeta*（L.）Mez

科 属：紫金牛科 酸藤子属

形态特征：攀缘灌木或藤本，稀小灌木，长 1 ～ 3 m。幼枝无毛，老枝具皮孔。叶片纸质，倒卵形或长圆状倒卵形，顶端圆形、钝形或微凹，基部楔形，长 3 ～ 4 cm，宽 1 ～ 1.5 cm，全缘，两面均无毛，无腺点，叶腹面中脉微凹，背面常被薄白粉，中脉隆起，侧脉不明显；叶柄长 5 ～ 8 mm。总状花序腋生或侧生，生于上一年无叶枝上，长 3 ～ 8 mm，被细微柔毛，有花 3 ～ 8 朵，基部具 1 轮或 2 轮苞片；花梗长约 1.5 mm；花 4 数，长约 2 mm；花瓣白色或带黄色，分离，长约 2 mm。果球形，直径约 5 mm，腺点不明显。花期 12 月至翌年 3 月，果期 4 ～ 6 月。

生境与分布：生于海拔 100 ～ 1500 m 的山坡疏林、密林下或疏林缘，或开阔的草坡、灌木丛中。分布于我国云南、广西、广东、江西、福建、台湾等地。越南、老挝、泰国、柬埔寨也有分布。

常见程度：★★★

草本植物

山菅

拉丁学名：*Dianella ensifolia*（L.）DC.

科　　属：百合科　山菅属

形态特征：植株高 1 ～ 2 m。根状茎圆柱状，横走，直径 5 ～ 8 mm。叶片狭条状披针形，长 30 ～ 80 cm，宽 1 ～ 2.5 cm，基部稍收狭成鞘状，套迭或抱茎，边缘和背面中脉具锯齿。顶端圆锥花序长 10 ～ 40 cm，分枝疏散；花常多朵生于侧枝上端；花梗长 7 ～ 20 mm，常稍弯曲，苞片小；花被片条状披针形，长 6 ～ 7 mm，绿白色、淡黄色至青紫色，脉 5 条；花药条形，比花丝略长或近等长，花丝上部膨大。浆果近球形，深蓝色，直径约 6 mm，具种子 5 粒或 6 粒。花果期 3 ～ 8 月。

生境与分布：生于海拔 1700 m 以下的林下、山坡或草丛中。分布于我国云南、四川、贵州、广西、广东、江西、浙江、福建、台湾等地。

常见程度：★★★

半边旗

拉丁学名：*Pteris semipinnata* L. Sp.

科　　属：凤尾蕨科　凤尾蕨属

形态特征：植株高 35 ～ 80 cm。根状茎长而横走，粗 1 ～ 1.5 cm，先端及叶柄基部被褐色鳞片。叶簇生，近一型；叶柄连同叶轴均为栗红色，有光泽，光滑；叶片长圆披针形，长 15 ～ 40（60）cm，宽 6 ～ 15（18）cm，二回半边深裂；顶生羽片阔披针形至长三角形，长 10 ～ 18 cm，先端尾状，篦齿状，深羽裂几达叶轴；侧生羽片 4 ～ 7 对，对生或近对生，两侧极不对称，上侧仅有 1 条阔翅，宽 3 ～ 6 mm，不分裂或较少在基部有 1 片或少数短裂片，下侧篦齿状深羽裂几达羽轴，裂片 3 ～ 6 片或更多，镰刀状披针形，基部一片最长。

生境与分布：生于海拔 850 m 以下的疏林下阴处、溪边或岩石旁的酸性土壤上。分布于我国台湾、福建、江西、广东、广西、湖南、贵州、四川、云南等地。

常见程度：★★★

剑叶凤尾蕨

拉丁学名：*Pteris ensiformis* Burm.

科　　属：凤尾蕨科　凤尾蕨属

形态特征：植株高 30 ～ 50 cm。根状茎细长，斜升或横卧，被黑褐色鳞片。叶密生，二型；柄长 10 ～ 30 cm（不育叶的柄较短），与叶轴同为禾秆色，稍有光泽，光滑；叶片长圆状卵形，长 10 ～ 25 cm（不育叶的远比能育叶的短），宽 5 ～ 15 cm，羽状；羽片 3 ～ 6 对，对生，稍斜向上，上部的无柄，下部的有短柄；不育叶的下部羽片常为羽状，小羽片 2 对或 3 对，对生，密接，无柄，斜展；能育叶的羽片疏离（下部的相距 5 ～ 7 cm），通常 2 叉或 3 叉，中央的分叉最长，顶生羽片基部不下延，下部 2 对羽片有时为羽状，向上，狭线形，先端渐尖，基部下侧下延，先端不育的叶缘有密尖齿，其余均全缘；侧脉密接，通常分叉；叶无毛。

生境与分布：生于林下阴湿处、溪边、岩石或房屋旁。分布于我国浙江、江西、福建、台湾、广东、广西、贵州、四川、云南等地。

常见程度：★★

白茅

拉丁学名：*Imperata cylindrica*（L.）Beauv.

科　　属：禾本科　白茅属

形态特征：多年生草本，具粗壮的长根状茎。秆直立，高 30 ～ 80 cm，具 1 ～ 3 节，节无毛。叶鞘聚集于秆基；叶舌膜质，长约 2 mm，紧贴其背部或鞘口具柔毛，分蘖叶片长约 20 cm，宽约 8 mm，扁平，质地较薄；秆生叶片长 1 ～ 3 cm，窄线形，常内卷，顶端渐尖呈刺状，下部渐窄，或具柄，质硬，被白粉，基部腹面具柔毛。圆锥花序密集，长约 20 cm，宽约 3 cm，小穗长 4.5 ～ 5 mm，具长 12 ～ 16 mm 的丝状柔毛；雄蕊 2 枚，花药长 3 ～ 4 mm；花柱细长，柱头 2 个，紫黑色，羽状，长约 4 mm，自小穗顶端伸出。花果期 4 ～ 6 月。

生境与分布：生于低山带平原河岸草地、农田、果园、苗圃、田边、路旁、荒坡草地、林边、疏林下、灌木丛中、沟边、河边堤埂、草坪。我国各地均有分布。非洲北部、土耳其、伊拉克、伊朗、中亚地区、高加索地区、地中海区域也有分布。

常见程度：★★★

淡竹叶

拉丁学名：*Lophatherum gracile* Brongn.

科　　属：禾本科　淡竹叶属

形态特征：多年生草本。具木质根头，须根中部膨大呈纺锤形小块根。秆直立，疏丛生，高 40 ～ 80 cm，具 5 ～ 6 节。叶鞘平滑或外侧边缘具纤毛；叶舌质硬，长 0.5 ～ 1 mm，褐色，背面有糙毛；叶片披针形，长 6 ～ 20 cm，宽 1.5 ～ 2.5 cm，具横脉，有时被柔毛或疣基小刺毛，基部收窄成柄状。圆锥花序长 12 ～ 25 cm，分枝斜升或开展，长 5 ～ 10 cm；小穗线状披针形，长 7 ～ 12 mm，宽 1.5 ～ 2 mm，具极短柄；颖顶端钝，具 5 条脉，边缘膜质，第一颖长 3 ～ 4.5 mm，第二颖长 4.5 ～ 5 mm；第一外稃长 5 ～ 6.5 mm，宽约 3 mm，具 7 条脉，顶端具尖头；内稃较短，其后具长约 3 mm 的小穗轴；不育外稃向上渐狭小，互相密集包卷，顶端具长约 1.5 mm 的短芒；雄蕊 2 枚。颖果长椭圆形。花果期 6 ～ 10 月。

生境与分布：生于山坡、林地或林缘、道旁荫蔽处。分布于我国江苏、安徽、浙江、江西、福建、台湾、湖南、广东、广西、四川、云南等地。印度、斯里兰卡、缅甸、马来西亚、印度尼西亚、新几内亚岛、日本也有分布。

常见程度：★★★

弓果黍

拉丁学名：*Cyrtococcum patens*（L.）A. Camus

科　　属：禾本科　弓果黍属

形态特征：一年生草本。秆较纤细，花枝高 15 ～ 30 cm。叶鞘常短于节间，边缘及鞘口被疣基毛或仅见疣基，脉间亦散生疣基毛；叶舌膜质，长 0.5 ～ 1 mm，顶端圆形；叶片线状披针形或披针形，长 3 ～ 8 cm，宽 3 ～ 10 mm，顶端长渐尖，基部稍收狭或近圆形，两面均贴生短毛，老时渐脱落，边缘稍粗糙，近基部边缘具疣基纤毛。圆锥花序由上部秆顶抽出，长 5 ～ 15 cm；分枝纤细，腋内无毛；小穗柄长于小穗；小穗长 1.5 ～ 1.8 mm，被细毛或无毛，颖具 3 条脉，第一颖卵形，长约为小穗的 1/2，顶端尖头；第二颖舟形，长约为小穗的 2/3；第一外稃约与小穗等长，具 5 条脉，边缘具纤毛；第二外稃长约 1.5 mm，背部弓状隆起，顶端具鸡冠状小瘤体；雄蕊 3 枚，花药长约 0.8 mm。花果期 9 月至翌年 2 月。

生境与分布：生于丘陵杂木林或草地较阴湿处。分布于我国江西、广东、广西、福建、台湾、云南等地。

常见程度：★★★

狗尾草

拉丁学名：*Setaria viridis*（L.）Beauv.

科　　属：禾本科　狗尾草属

形态特征：一年生草本。秆直立或基部膝曲，高 10 ～ 100 cm。叶鞘松弛，无毛或疏具柔毛或疣毛，边缘具较长的密绵毛状纤毛；叶舌极短，边缘有长 1 ～ 2 mm 的纤毛；叶片扁平，长三角状狭披针形或线状披针形，先端长渐尖或渐尖，基部钝圆形，长 4 ～ 30 cm，宽 2 ～ 18 mm，常无毛或疏被疣毛，边缘粗糙。圆锥花序紧密呈圆柱状或基部稍疏离，直立或稍弯垂，主轴被长柔毛，长 2 ～ 15 cm，宽 4 ～ 13 mm（除刚毛外）；刚毛长 4 ～ 12 mm，粗糙或微粗糙，直或稍扭曲，常绿色或褐黄色至紫红色或紫色；小穗 2 ～ 5 个簇生于主轴上。花果期 5 ～ 10 月。

生境与分布：生于荒野、路旁，为旱地杂草。我国各地均有分布。

常见程度：★

皱叶狗尾草

拉丁学名：*Setaria plicata*（Lam.）T. Cooke

科　　属：禾本科　狗尾草属

形态特征：多年生草本。秆常瘦弱，直立或基部倾斜，高 45 ~ 130 cm；节和叶鞘与叶片交接处常具白色短毛。叶鞘背脉常呈脊，密或疏生较细疣毛或短毛，毛易脱落，边缘常密生纤毛或基部叶鞘边缘无毛而近膜质；叶舌边缘密生长 1 ~ 2 mm 纤毛；叶片质薄，椭圆状披针形或线状披针形，长 4 ~ 43 cm，宽 0.5 ~ 3 cm，先端渐尖，基部渐狭呈柄状，具较浅的纵向皱褶。圆锥花序狭长圆形或线形，长 15 ~ 33 cm，分枝斜向上升，长 1 ~ 13 cm，主轴具棱角，有极细短毛且粗糙；小穗着生于小枝一侧，绿色或微紫色，长 3 ~ 4 mm；颖薄纸质，第一颖顶端钝圆，边缘膜质，具 3 ~ 5 条脉，第二颖具 5 ~ 7 条脉；第一小花通常中性或具 3 枚雄蕊，第一外稃与小穗等长或稍长，具 5 条脉，内稃膜质；第二小花两性。颖果狭长卵形，先端具硬而小的尖头。花果期 6 ~ 10 月。

生境与分布：生于山坡林下、沟谷地阴湿处或路边杂草地上。分布于我国华东、华中及西南地区。

常见程度：★

棕叶狗尾草

拉丁学名：*Setaria palmifolia*（Koen.）Stapf

科　　属：禾本科　狗尾草属

形态特征：多年生草本。具根茎。秆直立或基部稍膝曲，高 0.75 ～ 2 m，直径 3 ～ 7 mm。叶鞘松弛，具疣毛，少数无毛；叶舌长约 1 mm，具长 2 ～ 3 mm 的纤毛；叶片纺锤状宽披针形，长 20 ～ 59 cm，宽 2 ～ 7 cm，先端渐尖，基部窄缩呈柄状，近基部边缘有长约 5 mm 的疣基毛，具纵深皱褶，两面均具疣毛或无毛。圆锥花序主轴延伸甚长，长 20 ～ 60 cm，宽 2 ～ 10 cm，主轴具棱角，分枝排列疏松，甚粗糙，长达 30 cm；小穗卵状披针形，长 2.5 ～ 4 mm，排列于小枝的一侧；第一颖先端稍尖，具 3 ～ 5 条脉；第二颖具 5 ～ 7 条脉；第一小花雄性或中性，第一外稃先端渐尖，呈稍弯的小尖头，具 5 条脉，内稃膜质；第二小花两性。颖果卵状披针形、熟时往往不带着颖片脱落，长 2 ～ 3 mm，具不甚明显的横皱纹。花果期 8 ～ 12 月。

生境与分布：生于山坡或谷地林下阴湿处。分布于我国浙江、江西、福建、台湾、湖北、湖南、贵州、四川、云南、广东、广西、西藏等地。原产于非洲，广泛分布于大洋洲、美洲和亚洲的热带和亚热带地区。

常见程度：★

黄茅

拉丁学名：*Heteropogon contortus*（Linn.）P. Beauv. ex Roem. et Schult.

科　　属：禾本科　黄茅属

形态特征：多年生丛生草本。秆高 20 ～ 100 cm。叶鞘压扁而具脊，光滑无毛，鞘口常具柔毛；叶短，膜质，顶端具纤毛；叶片线形，扁平或对折，长 10 ～ 20 cm，宽 3 ～ 6 mm，两面均粗糙或表面基部疏生柔毛。总状花序单生于主枝或分枝顶，长 3 ～ 7 cm（芒除外），诸芒常于花序顶扭卷成 1 束；花序基部 3 ～ 10（12）对小穗，为同性，无芒，宿存；上部 7 ～ 12 对为异性对；无柄小穗线形（熟时圆柱形），两性，长 6 ～ 8 mm；第一颖边缘包卷同质的第二颖；第二颖具 2 条脉；第一小花外稃长圆形，远短于颖；第二小花外稃极窄，向上延伸成二回膝曲的芒，芒长 6 ～ 10 cm，芒柱扭转被毛；雄蕊 3 枚；子房线形；花柱 2 枚；有柄小穗雄性或中性，无芒，常偏斜扭转覆盖无柄小穗。花果期 4 ～ 12 月。

生境与分布：生于海拔 400 ～ 2300 m 的山坡草地，尤以干热草坡为甚。分布于我国河南、陕西、甘肃、浙江、江西、福建、台湾、湖北、湖南、广东、广西、四川、贵州、云南、西藏等地。

常见程度：★

荩草

拉丁学名：*Arthraxon hispidus*（Thunb.）Makino

科　　属：禾本科　荩草属

形态特征：一年生草本。秆细弱，高 30 ~ 60 cm，常分枝，基部节着地易生根。叶鞘短于节间，生短硬疣毛；叶舌膜质，长 0.5 ~ 1 mm，边缘具纤毛；叶片卵状披针形，长 2 ~ 4 cm，宽 0.8 ~ 1.5 cm，基部心形，抱茎。总状花序细弱，长 1.5 ~ 4 cm，2 ~ 10 枚呈指状排列或簇生于秆顶；总状花序轴节间无毛；无柄小穗两侧压扁，长 3 ~ 5 mm；第一颖草质，边缘膜质，约包住第二颖的 2/3，具 7 ~ 9 条脉，先端锐尖；第二颖近膜质，舟形，脊上粗糙，先端尖；第一外稃长圆形，透明膜质，先端尖，长约为第一颖的 2/3；第二外稃与第一外稃等长，透明膜质，近基部伸出一膝曲的芒；芒长 6 ~ 9 mm，下几部扭转；雄蕊 2 枚；花药黄色或带紫色，长 0.7 ~ 1 mm；有柄小穗退化为针状刺。颖果长圆形，与稃体等长。花果期 9 ~ 11 月。

生境与分布：生于山坡、草地和阴湿处。我国各地均有分布。

常见程度：★

粉单竹

拉丁学名：*Bambusa chungii* McClure

科　　属：禾本科　簕竹属

形态特征：竿直立，直径 3 ～ 7 cm；节间长 40 ～ 120 cm，无毛，幼时密被白粉；节平，竿环平滑，箨环初时具一圈棕色柔毛。分枝习性高，主枝与侧枝粗细近相等。箨鞘矩形，顶端截平或微凹陷，背面被白粉，近基部疏生易脱落的棕色长柔毛；箨耳矮而宽，长卵圆形，长 1 ～ 1.5 cm；箨舌极矮，高仅 1 ～ 2 mm，顶端截平或中部凸起呈山字形，边缘齿状或具长流苏状毛；箨叶反折，淡黄绿色，卵状披针形，稍粗糙，腹面密生刺毛，近基部刺毛甚长。每小枝有叶 9 ～ 11 枚；叶耳长椭圆形，淡黄色，鞘口繸毛呈放射状，黄白色，长 1 ～ 2 cm，易脆而早落；叶舌高不及 1 mm，边缘篦齿状；叶片长披针形，大小多变。

生境与分布：适生于土壤酸性至中性、土层深厚、疏松肥沃、水气通透性良好、排灌方便的沿岸河滩地、村前屋后或丘陵山脚。华南特产，分布于我国湖南、福建、广东、广西等地。

常见程度：★★

类芦

拉丁学名：*Neyraudia reynaudiana*（kunth.）Keng

科　　属：禾本科　类芦属

形态特征：多年生草本。具木质根状茎。须根粗而坚硬。秆直立，高 2 ~ 3 m，直径 5 ~ 10 mm，通常节具分枝，节间被白粉。叶鞘无毛，仅沿颈部具柔毛；叶舌密生柔毛；叶片长 30 ~ 60 cm，宽 5 ~ 10 mm，扁平或卷折，顶端长渐尖，无毛或腹面生柔毛。圆锥花序长 30 ~ 60 cm，分枝细长，开展或下垂；小穗长 6 ~ 8 mm，含小花 5 ~ 8 朵，第一外稃不孕，无毛；颖片短小，长 2 ~ 3 mm；外稃长约 4 mm，边脉生有长约 2 mm 的柔毛，顶端具长 1 ~ 2 mm 向外反曲的短芒；内稃短于外稃。花果期 8 ~ 12 月。

生境与分布：生于海拔 300 ~ 1500 m 的河边、山坡或砾石草地。分布于我国海南、广东、广西、贵州、云南、四川、湖北、湖南、江西、福建、台湾、浙江、江苏等地。印度、缅甸、马来西亚也有分布。

常见程度：★★★

柳叶箬

拉丁学名：*Isachne globosa*（Thunb.）Kuntze

科　　属：禾本科　柳叶箬属

形态特征：多年生草本。秆丛生，高 30 ～ 60 cm，节上无毛。叶鞘短于节间，无毛，但一侧边缘具疣基毛；叶舌纤毛状，长 1 ～ 2 mm；叶片披针形，长 3 ～ 10 cm，宽 3 ～ 8 mm，顶端短渐尖，基部钝圆或微心形，两面均具微细毛且粗糙，边缘质地增厚，软骨质，全缘或微波状。圆锥花序卵圆形，长 3 ～ 11 cm，宽 1.5 ～ 4 cm，盛开时抽出鞘外，分枝斜升或开展，每一分枝着生小穗 1 ～ 3 个，分枝和小穗柄均具黄色腺斑；小穗椭圆状球形，长 2 ～ 2.5 mm，淡绿色，或成熟后带紫褐色；两颖近等长，具 6 ～ 8 条脉，无毛，顶端钝或圆，边缘狭膜质；第一小花通常雄性；第二小花雌性，近球形，外稃边缘和背部常有微毛。颖果近球形。花果期夏秋季。

生境与分布：生于低海拔的缓坡、平原草地中。分布于我国辽宁、山东、河北、陕西、河南、江苏、安徽、浙江、江西、湖北、四川、贵州、湖南、福建、台湾、广东、广西、云南等地。日本、印度、马来西亚、菲律宾、大洋洲及太平洋诸岛也有分布。

常见程度：★

小花露籽草

拉丁学名：*Ottochloa nodosa* var. *micrantha*（Balansa）Keng f.

科　　属：禾本科　露籽草属

形态特征：叶片先端长渐尖。小穗长 2 ～ 2.5 mm，顶端近短尖；第一颖卵形，长约为小穗的 1/2，具 3 ～ 5 条脉，最外 1 对脉靠近边缘或不显；第二颖卵形，长约为小穗的 1/2，具 7 条脉；第一外稃椭圆形，具 5 ～ 7 条脉；第二外稃薄革质，与第一外稃同形、等长，边缘包裹着内稃；第一内稃缺。花果期 7 ～ 11 月。

生境与分布：生于山谷、林边湿地。分布于我国华南地区及云南。印度、马来西亚也有分布。

常见程度：★★★

五节芒

拉丁学名：*Miscanthus floridulus*（Lab.）Warb. ex Schum. et Laut.

科　　属：禾本科　芒属

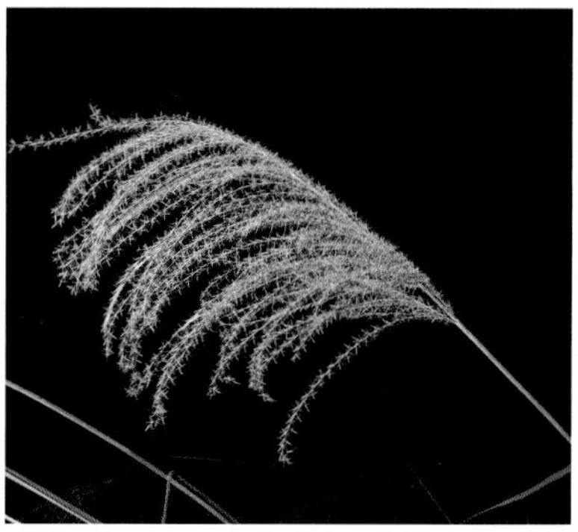

形态特征：多年生草本。秆高大似竹，高 2 ～ 4 m，无毛，节下具白粉。叶鞘无毛；叶舌长 1 ～ 2 mm，顶端具纤毛；叶片线形，长 25 ～ 60 cm，宽 1.5 ～ 3 cm，扁平，中脉粗壮隆起，两面均无毛，边缘粗糙。圆锥花序大型，密集，长 30 ～ 50 cm，主轴粗壮，延伸达花序的 2/3 以上，无毛；分枝较细弱，长 15 ～ 20 cm，通常 10 多枚簇生于基部各节，具二回或三回小枝，腋间生柔毛；总状花序轴的节间长 3 ～ 5 mm，无毛；小穗卵状披针形，长 3 ～ 3.5 mm，黄色；雄蕊 3 枚，橘黄色；花柱极短，柱头紫黑色。花果期 5 ～ 10 月。

生境与分布：生于低海拔撂荒地、丘陵潮湿谷地和山坡或草地。分布于我国江苏、浙江、福建、台湾、广东、海南、广西等地。

常见程度：★★★

竹叶草

拉丁学名：*Oplismenus compositus*（L.）Beauv.

科　　属：禾本科　求米草属

形态特征：秆较纤细，基部平卧于地面，节着地生根，上升部分高 20 ～ 80 cm。叶鞘短于节间或上部者长于节间，近无毛或疏生毛；叶片披针形至卵状披针形，基部多少包茎而不对称，长 3 ～ 8 cm，宽 5 ～ 20 mm，近无毛或边缘疏生纤毛，具横脉。圆锥花序长 5 ～ 15 cm，主轴无毛或疏生毛；分枝互生而疏离，长 2 ～ 6 cm；小穗孪生（有时其中 1 个小穗退化），稀上部者单生，长约 3 mm；颖草质，近等长，长为小穗的 1/2 ～ 2/3，边缘常被纤毛，第一颖先端的芒长 0.7 ～ 2 cm；第二颖顶端的芒长 1 ～ 2 mm；第一小花中性，外稃革质，与小穗等长，先端具芒尖，具 7 ～ 9 条脉，内稃膜质，狭小或缺；第二外稃革质，平滑，光亮，长约 2.5 mm，边缘内卷，包着同质的内稃；鳞片 2 片，薄膜质，折叠；花柱基部分离。

生境与分布：生于疏林下阴湿处。分布于我国江西、四川、贵州、台湾、广东、云南等地。

常见程度：★★

求米草

拉丁学名：*Oplismenus undulatifolius*（Arduino）Beauv.

科　　属：禾本科　求米草属

形态特征：多年生草本。秆纤细，基部平卧于地面，节处生根，上升部分高 20 ～ 50 cm。叶鞘短于节间或上部者长于节间，密被疣基毛；叶舌膜质，短小，长约 1 mm；叶片扁平，披针形至卵状披针形，长 2 ～ 8 cm，宽 5 ～ 18 mm，先端尖，基部略圆形且稍不对称，通常具细毛。圆锥花序长 2 ～ 10 cm，主轴密被疣基长刺柔毛；分枝短缩，有时下部的分枝延伸长达 2 cm；小穗卵圆形，被硬刺毛，长 3 ～ 4 mm，簇生于主轴或部分孪生；颖草质，第一颖长约为小穗的 1/2，顶端具长 0.5 ～ 1（1.5）cm 硬直芒，具 3 ～ 5 条脉；第二颖略长于第一颖，顶端芒长 2 ～ 5 mm，具 5 条脉；第一外稃草质，与小穗等长，具 7 ～ 9 条脉，顶端芒长 1 ～ 2 mm；第二外稃革质，长约 3 mm，边缘包着同质的内稃；雄蕊 3 枚；花柱基分离。花果期 7 ～ 11 月。

生境与分布：生于疏林下阴湿处。广泛分布于我国南北各地。

常见程度：★★

圆果雀稗

拉丁学名：*Paspalum scrobiculatum* var. *orbiculare* (G. Forster) Hackel

科　　属：禾本科　雀稗属

形态特征：多年生草本。秆直立，丛生，高 30 ~ 90 cm。叶鞘长于其节间，无毛，鞘口有少数长柔毛，基部者生有白色柔毛；叶舌长约 1.5 mm；叶片长披针形至线形，长 10 ~ 20 cm，宽 5 ~ 10 mm，大多无毛。总状花序长 3 ~ 8 cm，2 ~ 10 枚相互间距排列于长 1 ~ 3 cm 的主轴上，分枝腋间有长柔毛；穗轴宽 1.5 ~ 2 mm，边缘微粗糙；小穗椭圆形或倒卵形，长 2 ~ 2.3 mm，单生于穗轴一侧，覆瓦状排列成 2 行；小穗柄微粗糙，长约 0.5 mm；第二颖与第一外稃等长，具 3 条脉，顶端稍尖；第二外稃与小穗等长，成熟后褐色，革质，有光泽，具细点状粗糙。花果期 6 ~ 11 月。

生境与分布：生于低海拔地区的荒坡、草地、路旁及田间。分布于我国江苏、浙江、台湾、福建、江西、湖北、四川、贵州、云南、广西、广东等地。

常见程度：★★

细毛鸭嘴草

拉丁学名：*Ischaemum ciliare* Retz.

科　　属：禾本科　鸭嘴草属

形态特征：多年生草本。秆直立或基部平卧至斜升，直立部分高 40 ～ 50 cm，节上密被白色髯毛。叶鞘疏生疣毛；叶舌膜质，长约 1 mm，上缘撕裂状；叶片线形，长可达 12 cm，宽可达 1 cm，两面均被疏毛。总状花序 2 个（偶见 3 个或 4 个）孪生于秆顶，开花时常互相分离，长 5 ～ 7 cm 或更短；总状花序轴节间和小穗柄的棱上均有长纤毛；无柄小穗倒卵状矩圆形，第一颖革质，长 4 ～ 5 mm，先端具 2 齿，两侧上部均有阔翅，边缘有短纤毛，背面上部具 5 ～ 7 条脉；第二颖较薄，舟形，等长于第一颖，先端渐尖，边缘有纤毛；第一小花雄性，外稃纸质，脉不明显，先端渐尖；第二小花两性，外稃先端 2 深裂至中部，裂齿间着生芒；芒在中部膝曲；柱头紫色，长约 2 mm；有柄小穗具膝曲芒。花果期夏秋季。

生境与分布：多生于山坡草丛中、路旁及旷野草地。分布于我国浙江、福建、台湾、广东、广西、云南等地。印度及东南亚各国也有分布。

常见程度：★★

蔓生莠竹

拉丁学名：*Microstegium fasciculatum*（L.）Henrard

科　　属：禾本科　莠竹属

形态特征：多年生草本。秆高达 1 m，多节，下部节着土生根并分枝。叶片长 12 ～ 15 cm，宽 5 ～ 8 mm，顶端丝状渐尖，基部狭窄，不具柄，两面均无毛，微粗糙。总状花序 3 ～ 5 个，带紫色，长约 6 cm，着生于无毛的主轴上；总状花序轴节间呈棒状，稍短于小穗的 1/3，较粗厚，边缘具短纤毛，背部隆起，无毛；无柄小穗长圆形，长 3.5 ～ 4 mm；第一颖脊中上部具硬纤毛，背部常刺状粗糙；第一小花雄性，花药长约 2 mm；第二外稃微小，卵形，长约 0.5 mm，2 裂，芒从裂齿间伸出，长 8 ～ 10 mm，中部膝曲，芒柱棕色，扭转；雄蕊 3 枚，花药长 2 ～ 2.5 mm。花果期 8 ～ 10 月。

生境与分布：生于海拔 800 m 以下的林缘和林下阴湿地。分布于我国广东、海南、云南等地。印度、缅甸、泰国、印度尼西亚、马来西亚也有分布。

常见程度：★★★

刚莠竹

拉丁学名：*Microstegium ciliatum*（Trin.）A. Camus

科　　属：禾本科　莠竹属

形态特征：多年生蔓生草本。秆高 1 m 以上，较粗壮，下部节上生根，具分枝，花序以下和节均被柔毛。叶鞘长于节间或上部者短于节间；叶舌膜质，长 1 ～ 2 mm，具纤毛；叶片披针形或线状披针形，长 10 ～ 20 cm，宽 6 ～ 15 mm，两面均具柔毛或无毛，或近基部有疣基柔毛，顶端渐尖或呈尖头状，中脉白色。总状花序 5 ～ 15 个，着生于短缩主轴上成指状排列，长 6 ～ 10 cm；总状花序轴节间长 2.5 ～ 4 mm，稍扁，先端膨大，两侧边缘密生长 1 ～ 2 mm 的纤毛；无柄小穗披针形，长约 3.2 mm；第一颖背部具凹沟，边缘具纤毛，顶端钝或有 2 微齿；第二颖舟形，具 3 条脉，顶端延伸成小尖头或具长约 3 mm 的短芒；第一外稃不存在或微小；第二外稃狭长圆形，长约 0.6 mm，芒长 8 ～ 10（14）mm，直伸或稍弯；第一内稃长约 1 mm；雄蕊 3 枚，花药长 1 ～ 1.5 mm；有柄小穗与无柄者同形。颖果长圆形，长 1.5 ～ 2 mm。花果期 9 ～ 12 月。

生境与分布：生于海拔 1300 m 以下的阴坡林缘、沟边湿地。分布于我国江西、湖南、福建、台湾、广东、海南、广西、四川、云南等地。

常见程度：★★★

粽叶芦

拉丁学名：*Hysanolaena latifolia*（Roxb. ex Hornem.）Honda

科　　属：禾本科　粽叶芦属

形态特征：多年生丛生草本。秆高 2 ～ 3 m，直立粗壮，具白色髓部，不分枝。叶鞘无毛；叶舌长 1 ～ 2 mm，质硬，截平；叶片披针形，长 20 ～ 50 cm，宽 3 ～ 8 cm，具横脉，顶端渐尖，基部心形，具柄。圆锥花序大型，柔软，长达 50 cm，分枝多，斜向上升，下部裸露，基部主枝长达 30 cm；小穗长 1.5 ～ 1.8 mm，小穗柄长约 2 mm，具关节；颖片无脉，长约为小穗的 1/4；第一花仅具外稃，约与小穗等长；第二外稃卵形，厚纸质，背部圆，具 3 条脉，顶端具小尖头；边缘被柔毛；内稃膜质，较短小；花药长约 1 mm，褐色。颖果长圆形，长约 0.5 mm。一年有两次花果期，春夏季或秋季。

生境与分布：生于山坡、山谷、树林下或灌木丛中。分布于我国台湾、广东、广西、贵州等地。印度、中南半岛、印度尼西亚也有分布。

常见程度：★★★

华山姜

拉丁学名：*Alpinia oblongifolia* Hayata

科　　属：姜科　山姜属

形态特征：植株高约 1 m。叶片披针形或卵状披针形，长 20 ～ 30 cm，宽 3 ～ 10 cm，顶端渐尖或尾状渐尖，基部渐狭，两面均无毛；叶柄长约 5 mm；叶舌膜质，长 4 ～ 10 mm，2 裂，具缘毛。花组成狭圆锥花序，长 15 ～ 30 cm，分枝短，长 3 ～ 10 mm，其上有花 2 ～ 4 朵；小苞片长 1 ～ 3 mm，花时脱落；花白色，萼管状，长约 5 mm，顶端具 3 齿；花冠管略超出，花冠裂片长圆形，长约 6 mm，后方的 1 枚稍大，兜状；唇瓣卵形，长 6 ～ 7mm，顶端微凹，侧生退化雄蕊 2 枚，钻状，长约 1 mm；花丝长约 5 mm，花药长约 3 mm；子房无毛。果球形，直径 5 ～ 8 mm。花期 5 ～ 7 月，果期 6 ～ 12 月。

生境与分布：生于海拔 100 ～ 2500 m 的林荫下。分布于我国江苏、福建、湖北、湖南、海南、四川、贵州、云南等地。

常见程度：★★

艳山姜

拉丁学名：*Alpinia zerumbet*（Pers.）Burtt. et Smith

科　　属：姜科　山姜属

形态特征：植株高 2 ～ 3 m。叶片披针形，长 30 ～ 60 cm，宽 5 ～ 10 cm，顶端渐尖而有一旋卷的小尖头，基部渐狭，边缘具短柔毛，两面均无毛；叶柄长 1 ～ 1.5 cm；叶舌长 5 ～ 10 mm，外被毛。圆锥花序呈总状花序式，下垂，长达 30 cm，花序轴紫红色，被茸毛，分枝极短，在每一分枝上有花 1 ～ 3 朵；小苞片椭圆形，长 3 ～ 3.5 cm，白色，顶端粉红色，蕾时包裹花，无毛；小花梗极短；花萼近钟形，长约 2 cm，白色，顶粉红色，一侧开裂，顶端又齿裂；花冠管较花萼短，裂片长圆形，长约 3 cm，后方的 1 枚较大，乳白色，顶端粉红色，侧生退化雄蕊钻状，长约 2 mm；唇瓣匙状宽卵形，长 4 ～ 6 cm，顶端皱波状，黄色而有紫红色纹彩；雄蕊长约 2.5 cm；子房被金黄色粗毛；腺体长约 2.5 mm。蒴果卵圆形，直径约 2 cm，被稀疏的粗毛，具显露的条纹，顶端常冠以宿萼，熟时朱红色；种子有棱角。花期 4 ～ 6 月，果期 7 ～ 10 月。

生境与分布：多长于地边、路旁、田头及沟边草丛中，常栽培于庭院以供观赏。分布于我国西南部至东南部各地。

常见程度：★

华南毛蕨

拉丁学名：*Cyclosorus parasiticus*（L.）Farwell.

科　　属：金星蕨科　毛蕨属

形态特征：植株高达 70 cm。根状茎横走，粗约 4 mm，连同叶柄基部有深棕色披针形鳞片。叶近生；叶柄长达 40 cm，粗约 2 mm，深禾秆色，基部以上偶有一二柔毛；叶片长约 35 cm，长圆披针形，先端羽裂，尾状渐尖头，二回羽裂；羽片 12 ～ 16 对，无柄，中部羽片长 10 ～ 11 cm，中部宽 1.2 ～ 1.4 cm，披针形，先端长渐尖，羽裂达 1/2 或稍深；裂片 20 ～ 25 对，彼此接近，基部上侧一片特长，长 6 ～ 7 mm，其余的长 4 ～ 5 mm，长圆形，钝头或急尖头，全缘；叶脉两面均可见，侧脉斜上，单一，每裂片 6 ～ 8 对；叶片草质，干后褐绿色，背面沿叶轴、羽轴及叶脉密生具一二分隔的针状毛，脉上并饰有橙红色腺体。孢子囊群圆形。

生境与分布：生于山谷密林下或溪边湿地。分布于我国福建、台湾、广东、海南、湖南、江西、重庆、广西、云南等地。日本、韩国、尼泊尔、缅甸、印度南部、斯里兰卡也有分布。

常见程度：★★★

普通针毛蕨

拉丁学名：*Macrothelypteris torresiana*（Gaud.）Ching

科　　属：金星蕨科　针毛蕨属

形态特征：植株高 60 ~ 80 cm。根状茎横卧或斜升，顶端密被鳞片。叶簇生；叶柄基部密被鳞片；叶片卵状三角形，长 40 ~ 60 cm，宽 30 ~ 40 cm，二回或三回羽状；侧生羽片 10 ~ 15 对，三角状披针形，长 15 ~ 25 cm，宽 8 ~ 12 cm，基部有短柄；小羽片 10 ~ 15 对，三角状披针形，长 4 ~ 6 cm，宽 1.5 ~ 2 cm，羽状深裂，无柄；裂片 10 ~ 13 对，斜展，篦齿状，边缘和顶端有粗锯齿或浅裂片；各回羽轴两面圆而隆起；叶脉分离，小脉单一，不伸达叶边；叶片草质，干后绿色，两面均沿各回羽轴被灰白色多细胞针状毛。孢子囊群圆形，小，生于小脉近顶端，无盖。

生境与分布：生于海拔 1000 m 以下的山谷潮湿处。广泛分布于我国长江以南各地，西至四川和云南。缅甸、尼泊尔、不丹、印度、越南、日本、菲律宾、印度尼西亚、澳大利亚、美洲热带和亚热带地区也有分布。

常见程度：★★★

地桃花

拉丁学名：*Urena lobata* Linn.

科　　属：锦葵科　梵天花属

形态特征：直立亚灌木状草本。小枝被星状茸毛。茎下部的叶近圆形，长 5 ～ 6 cm，宽 4 ～ 5 cm，先端浅 3 裂，基部圆形或近心形，边缘具锯齿；中部的叶卵形，长 5 ～ 7 cm；上部的叶长圆形至披针形，长 4 ～ 7 cm；叶腹面被柔毛，背面被灰白色星状茸毛；叶柄长 1 ～ 4 cm，被灰白色星状毛。花腋生，单生或簇生，淡红色，直径约 15 mm；花梗长约 3 mm，被绵毛；小苞片 5 片，长约 6 mm，基部约 1/3 合生；花萼杯状，裂片 5 片，被星状柔毛；花瓣 5 片，外面被星状柔毛；雄蕊柱长约 15 mm，无毛。果扁球形，直径约 1 cm，分果爿被星状短柔毛和锚状刺。花期 4 ～ 10 月。

生境与分布：生于干热的空旷地、草坡或疏林下。分布于我国长江以南各省区。

常见程度：★★★

夜香牛

拉丁学名：*Vernonia cinerea*（L.）Less.

科　　属：菊科　斑鸠菊属

形态特征：一年生或多年生草本，高 20 ～ 100 cm。茎直立，常上部分枝，稀自基部分枝而呈铺散状，具条纹，被灰色贴生短柔毛，具腺。下部和中部叶具柄，菱状卵形、菱状长圆形或卵形，长 3 ～ 6.5 cm，宽 1.5 ～ 3 cm，顶端尖或稍钝，基部楔状狭成具翅的柄，边缘有具小尖的疏锯齿，或波状，侧脉 3 对或 4 对，腹面绿色，被疏短毛，背面沿脉被灰白色或淡黄色短柔毛，两面均有腺点；叶柄长 10 ～ 20 mm；上部叶渐尖，具短柄或近无柄。头状花序多数，或稀少数，直径 6 ～ 8 mm，具花 19 ～ 23 朵，在茎枝端排列成伞房状圆锥花序；花序梗细，长 5 ～ 15 mm；总苞钟状，长 4 ～ 5 mm，宽 6 ～ 8 mm；总苞片 4 层，背面被短柔毛和腺，外层线形，长 1.5～2 mm；花淡红紫色，花冠管状，长 5～6 mm，被疏短微毛，具腺。瘦果圆柱形，长约 2 mm，被密短毛和腺点；冠毛白色，2 层，长 4 ～ 5 mm。花期全年。

生境与分布：生于干热的空旷地、草坡或疏林下。广泛分布于我国浙江、江西、福建、台湾、湖北、湖南、广东、广西、云南、四川等地。

常见程度：★★

白花鬼针草

拉丁学名：*Bidens alba*（L.）DC.

科　　属：菊科　鬼针草属

形态特征：一年生草本。茎直立，钝四棱形。茎下部叶较小，3 裂或不分裂，常在开花前枯萎。中部叶柄长 1.5 ～ 5 cm，三出，小叶 3 枚，少为具 5 ～ 7 枚小叶的羽状复叶，顶生小叶较大，长椭圆形或卵状长圆形，长 3.5 ～ 7 cm，先端渐尖，基部渐狭或近圆形，具长 1 ～ 2 cm 的柄，边缘有锯齿。头状花序直径 8 ～ 9 mm，有长 1 ～ 6 cm 的花序梗；总苞片 7 ～ 8 片，草质；头状花序边缘具舌状花 5 ～ 7 朵，舌片椭圆状倒卵形，白色，长 5 ～ 8 mm，宽 3.5 ～ 5 mm，先端钝或有缺刻。瘦果黑色，条形，略扁，具棱，长 7 ～ 13 mm，宽约 1 mm，顶端芒刺 3 枚或 4 枚，具倒刺毛。

生境与分布：生于村旁、路边、疏林及田野。分布于我国南方各地，为常见杂草。

常见程度：★★★

藿香蓟

拉丁学名：*Ageratum conyzoides* L.

科　　属：菊科　藿香蓟属

形态特征：一年生草本。茎枝被短柔毛或长茸毛。叶对生；中部茎叶卵形或椭圆形或长圆形，长 3 ～ 8 cm，宽 2 ～ 5 cm；有时叶小型，长仅 1 cm；全部叶基部钝或宽楔形，基出脉 3 条或不明显 5 条，顶端急尖，边缘具圆锯齿，两面均被柔毛且有黄色腺点。头状花序 4 ～ 18 个，通常在茎顶排成紧密的伞房状花序；花序直径 1.5 ～ 3 cm；花梗长 0.5 ～ 1.5 cm；总苞宽约 5 mm ；总苞片 2 层；花冠长 1.5 ～ 2.5 mm，檐部 5 裂，淡紫色。瘦果黑褐色，5 棱，长 1.2 ～ 1.7 mm，有白色稀疏细柔毛。冠毛膜片 5 个或 6 个。花果期全年。

生境与分布：生于山谷、山坡林下和林缘、河边、山坡草地、田边或荒地上。分布于我国广东、广西、云南、贵州、四川、江西、福建等地。非洲、印度、印度尼西亚、老挝、柬埔寨、越南也有分布。

常见程度：★★★

假臭草

拉丁学名：*Praxelis clematidea*（Griseb.）R. M. King et H. Rob.

科　　属：菊科　假臭草属

形态特征：一年生或短命的多年生草本植物。全株被长柔毛。茎直立。叶片对生，卵圆形至菱形，先端急尖，基部圆楔形，揉搓叶片可闻到类似猫尿的刺激性气味。头状花序，总苞钟形，总苞片可达5层，小花，藏蓝色或淡紫色。瘦果黑色，条状。种子顶端具一圈白色冠毛。花期长达6个月，在海南等地区几乎全年开花结果。

生境与分布：常生于路边、荒地、农田和草地等，在低山、丘陵及平原普遍生长。分布于我国广东、福建、澳门、香港、台湾、海南等地。原产于南美洲。

常见程度：★★★

马兰

拉丁学名：*Aster indicus* L.

科　　属：菊科　马兰属

形态特征：根茎呈细长圆柱形，着生多数浅细纵纹，质脆，易折断，断面圆形，直径2～3 mm，表面黄绿色，断面中央有白色髓。叶互生，叶片皱缩卷曲，多碎落，完整者展平后呈倒卵形、椭圆形或披针形，被短毛，有的于枝顶可见头状花序，花淡紫色。瘦果倒卵状长圆形，扁平，有毛。气微，味淡微涩。

生境与分布：常生于路边、田野、山坡上。在我国各地均有分布，以长江流域分布较广。

常见程度：★★

泥胡菜

拉丁学名：*Hemistepta lyrata*（Bunge）Bunge

科　　属：菊科　泥胡菜属

形态特征：一年生草本，高 30 ～ 100 cm。茎单生，少簇生，被疏蛛丝状毛，上部常分枝。基生叶花期常枯萎；全部叶大头羽状深裂或几全裂，侧裂片 2 ～ 6 对，极少为 1 对，顶裂片大，全部裂片边缘具三角形锯齿或重锯齿；有时全部茎叶不裂或下部茎叶不裂，边缘有锯齿或无锯齿；全部茎叶质地薄，两面异色，腹面绿色，无毛，背面灰白色，被茸毛，基生叶及下部茎叶有长叶柄，叶柄长达 8 cm，柄基扩大抱茎，上部茎叶的叶柄渐短。头状花序在茎枝顶端排成疏松伞房花序，少有单生；总苞宽钟状或半球形，直径 1.5 ～ 3 cm；总苞片多层；最内层线状，长 7 ～ 10 mm，宽约 1.8 mm；中外层苞片外面上方近顶端有直立的鸡冠状凸起的附片，附片紫红色；小花紫色或红色，花冠长约 1.4 cm，深 5 裂。瘦果小，长约 2.2 mm，深褐色，压扁，有 13 ～ 16 条粗细不等的凸起的尖细肋。冠毛异型，白色，2 层。花果期 3 ～ 8 月。

生境与分布：生于山坡、山谷、平原、丘陵、林缘、林下、草地、荒地、田间、河边、路旁等。我国除新疆和西藏外，各地均有分布。

常见程度：★

千里光

拉丁学名：*Senecio scandens* Buch.-Ham. ex D. Don

科　　属：菊科　千里光属

形态特征：多年生攀缘草本。多分枝，被柔毛或无毛。叶具柄，叶片卵状披针形至长三角形，长 2.5 ～ 12 cm，宽 2 ～ 4.5 cm，顶端渐尖，基部宽楔形、截形、戟形或稀心形，常具齿，有时具细裂或羽状浅裂；羽状脉，侧脉 7 ～ 9 对；上部叶变小。头状花序有舌状花，多数，在茎枝端排列成顶生复聚伞圆锥花序；分枝和花序梗被短柔毛；花序梗长 1 ～ 2 cm，具苞片；总苞长 5 ～ 8 mm；总苞片 12 片或 13 片，线状披针形，具 3 条脉；舌状花 8 ～ 10 朵，管部长约 4.5 mm；舌片黄色，具 3 细齿，具 4 条脉；管状花多数；花冠黄色；花药长约 2.3 mm，基部有钝耳；花柱分枝长约 1.8 mm。瘦果圆柱形，长约 3 mm，被柔毛；冠毛白色，长约 7.5 mm。

生境与分布：常生于海拔 50 ～ 3200 m 的森林、灌木丛中，攀缘于灌木、岩石上或溪边。分布于我国西藏、陕西、湖北、四川、贵州、云南、安徽、河南、浙江、江西、福建、湖南、广东、广西、台湾等地。印度、尼泊尔、不丹、中南半岛、菲律宾和日本也有分布。

常见程度：★★★

野茼蒿

拉丁学名：*Crassocephalum crepidioides*（Benth.）S. Moore

科　　属：菊科　野茼蒿属

形态特征：直立草本，高 20 ～ 120 cm。茎有纵条棱，无毛。叶片膜质，椭圆形或长圆状椭圆形，长 7 ～ 12 cm，宽 4 ～ 5 cm，顶端渐尖，基部楔形，边缘有不规则锯齿或重锯齿，或有时基部羽状裂，两面均无毛或近无毛；叶柄长 2 ～ 2.5 cm。头状花序数个在茎端排成伞房状，直径约 3 cm，总苞钟状，长 1 ～ 1.2 cm，基部截形，有数枚不等长的线形小苞片；总苞片 1 层，线状披针形，等长，宽约 1.5 mm，具狭膜质边缘，顶端有簇状毛；小花全部管状，两性；花冠红褐色或橙红色，檐部 5 齿裂；花柱基部呈小球状，分枝，顶端尖，被乳头状毛。瘦果狭圆柱形，赤红色，有肋，被毛；冠毛极多数，白色，绢毛状，易脱落。花期 7 ～ 12 月。

生境与分布：常见于山坡路旁、水边、灌木丛中。分布于我国江西、福建、湖南、湖北、广东、广西、贵州、云南、四川、西藏等地。

常见程度：★★★

蟛蜞菊

拉丁学名：*Sphagneticola calendulacea*（L.）Pruski

科　　属：菊科　泽菊属

形态特征：多年生草本。茎匍匐，基部径约 2 mm。叶无柄，椭圆形、长圆形或线形，长 3 ～ 7 cm，宽 7 ～ 13 mm，基部狭，顶端短尖或钝，全缘或有 1 ～ 3 对疏粗齿，两面均疏被贴生短糙毛，侧脉 1～2 对，无网状脉。头状花序少数，直径 15～20 mm，单生于枝顶或叶腋内；花序梗长 3 ～ 10 cm，被贴生短粗毛；总苞钟形，长约 12 mm，宽约 1 cm ；总苞 2 层，外层叶质，绿色，长 10 ～ 12 mm，内层较小，长 6 ～ 7 mm，顶端尖，上半部有缘毛；托片折叠成线形，长约 6 mm，无毛；舌状花 1 层，黄色，舌片长约 8 mm，顶端 2 深裂或 3 深裂；管状花较多，黄色，长约 5 mm，檐部 5 裂。瘦果倒卵形，长约 4 mm，多疣状突起。无冠毛，而有具细齿的冠毛环。花期 3 ～ 9 月。

生境与分布：生于路旁、水沟、农田边缘、山沟和湿润草地上。广泛分布于我国东北部、东部和南部各地及沿海岛屿。印度、中南半岛、印度尼西亚、菲律宾、日本也有分布。

常见程度：★

飞机草

拉丁学名：*Chromolaena odorata*（L.）R. M. King et H. Rob.

科　　属：菊科　泽兰属

形态特征：多年生草本。茎直立，高 1 ～ 3 m，苍白色，有细条纹。分枝粗壮，常对生，水平射出，与主茎成直角。叶对生，卵形、三角形或卵状三角形，长 4 ～ 10 cm，宽 1.5 ～ 5 cm，质地稍厚，柄长 1 ～ 2 cm；两面均被长柔毛及红棕色腺点，顶端急尖，基出脉 3 条，边缘有粗大而不规则的圆锯齿或全缘。头状花序排成伞房状或复伞房状花序；花序梗粗壮，密被稠密的短柔毛；总苞圆柱形，长约 1 cm，宽 4 ～ 5 mm，约含小花 20 朵；总苞片 3 层或 4 层，中层及内层苞片长 7 ～ 8 mm；全部苞片有 3 条宽中脉；花白色或粉红色，花冠长约 5 mm。瘦果黑褐色，长约 4 mm，5 棱。花果期 4 ～ 12 月。

生境与分布：多见于干燥地、森林破坏迹地、垦荒地、路旁、住宅及田间。原产于中美洲。现已侵入我国海南、广东、台湾、广西、云南、贵州、香港、澳门等地。

常见程度：★★

深绿卷柏

拉丁学名：*Selaginella doederleinii* Hieron.

科　　属：卷柏科　卷柏属

形态特征：土生蕨类植物。近直立，基部横卧，高可达 45 cm。根托达植株中部，根少分叉。茎卵圆形或近方形。叶全部交互排列，纸质，表面光滑，边缘不为全缘，卵状三角形，基部钝；中叶不对称或多少对称，边缘有细齿，覆瓦状排列。孢子叶穗紧密，四棱柱形，孢子叶卵状三角形，边缘有细齿；大孢子白色，小孢子橘黄色。

生境与分布：生于海拔 200 ～ 1000（1350）m 的林下。分布于我国安徽、重庆、福建、广东、贵州、广西、湖南、江西、四川等地。日本、印度、越南、泰国、马来西亚东部也有分布。

常见程度：★

蕨

拉丁学名：*Pteridium aquilinum* var. *latiusculum*（Desv.）Underw. ex Heller

科　　属：蕨科　蕨属

形态特征：植株高可达 1 m。根状茎长而横走，密被锈黄色柔毛，以后逐渐脱落。叶远生；柄长 20 ～ 80 cm，基部粗 3 ～ 6 mm，褐棕色或棕禾秆色，略有光泽，光滑，腹面有浅纵沟 1 条；叶片阔三角形或长圆三角形，长 30 ～ 60 cm，宽 20 ～ 45 cm，先端渐尖，三回羽状；羽片 4 ～ 6 对，对生或近对生，斜展，基部一对最大，三角形，长 15 ～ 25 cm，宽 14 ～ 18 cm，二回羽状；小羽片约 10 对，互生，斜展，披针形，长 6 ～ 10 cm，宽 1.5 ～ 2.5 cm，先端尾状渐尖，一回羽状；裂片 10 ～ 15 对，平展，彼此接近，长约 14 mm，宽约 5 mm，全缘；叶脉稠密，仅背面明显；叶干后近革质或革质，腹面无毛，背面在裂片主脉上被疏毛或近无毛；叶轴及羽轴均光滑，小羽轴腹面光滑，背面被疏毛，少有密毛，各回羽轴腹面均有深纵沟 1 条，沟内无毛。

生境与分布：生于海拔 200 ～ 830 m 的山地阳坡及森林边缘阳光充足的地方。我国各地均有分布。

常见程度：★

芒萁

拉丁学名：*Dicranopteris pedata*（Houtt.）Nakaike

科　　属：里白科　芒萁属

形态特征：植株常高 45 ～ 90（120）cm。根状茎横走，密被暗锈色长毛。叶远生，柄长 24 ～ 56 cm，粗 1.5 ～ 2 mm，棕禾秆色，光滑，基部以上无毛；叶轴一回至三回二叉分枝；腋芽小，卵形，密被锈黄色毛；各回分叉处两侧均各有 1 对托叶状的羽片，平展，宽披针形，等大或不等，生于一回分叉处的长 9.5 ～ 16.5 cm，宽 3.5 ～ 5.2 cm，生于二回分叉处的较小；末回羽片长 16 ～ 23.5 cm，宽 4 ～ 5.5 cm，披针形或宽披针形，向顶端变狭，尾状，篦齿状深裂几达羽轴；裂片平展，35 ～ 50 对，线状披针形，长 1.5 ～ 2.9 cm，宽 3 ～ 4 mm；侧脉两面均隆起，直达叶缘；叶片纸质，背面灰白色，沿中脉及侧脉疏被锈色毛。孢子囊群圆形，一列，着生于基部上侧或上下两侧小脉的弯弓处，由 5 ～ 8 个孢子囊组成。

生境与分布：生于强酸性土壤的荒坡或林缘。分布于我国江苏、浙江、江西、安徽、湖北、湖南、贵州、四川、西藏、福建、台湾、广东、香港、广西、云南等地。日本、印度、越南也有分布。

常见程度：★★★

铁芒萁

拉丁学名：*Dicranopteris linearis*（Burm.）Underw.

科　　属：里白科　芒萁属

形态特征：植株高 3 ～ 5 m，蔓延生长。根状茎横走，直径约 3 mm，被锈毛。叶远生；柄长约 60 cm，直径约 6 mm，深棕色；叶轴 5 ～ 8 回两叉分枝；各回腋芽卵形，密被锈色毛，苞片卵形，边缘具三角形裂片，叶轴第一回分叉处无侧生托叶状羽片，其余各回分叉处两侧均有 1 对托叶状羽片，斜向下，下部的长 12 ～ 18 cm，宽 3.2 ～ 4 cm，上部的变小；末回羽片形似托叶状的羽片，篦齿状深裂几达羽轴；裂片平展，15 ～ 40 对，披针形或线状披针形，常长 10 ～ 19 mm，宽 2 ～ 3 mm，全缘，侧脉腹面明显，背面不明显；叶坚纸质，腹面绿色，背面灰白色，无毛。孢子囊群圆形，细小，一列，着生于基部上侧小脉的弯弓处，由 5 ～ 7 个孢子囊组成。

生境与分布：生于疏林下、火烧迹地上。分布于我国广东、海南、云南、广西等地。马来群岛、斯里兰卡、泰国、越南、印度南部也有分布。

常见程度：★★★

杠板归

拉丁学名：*Polygonum perfoliatum* L.

科　　属：蓼科　蓼属

形态特征：一年生攀缘草本。茎略呈方柱形，有棱角，多分枝，直径可达 0.2 cm；表面紫红色或紫棕色，棱角上有倒生钩刺，节略膨大，节间长 2 ～ 6 cm；断面纤维性，黄白色，有髓或中空。叶互生，有长柄，盾状着生；叶片多皱缩，展平后呈近等边三角形，灰绿色至红棕色，背面叶脉和叶柄均有倒生钩刺；托叶鞘包于茎节上或脱落。短穗状花序顶生或生于上部叶腋，苞片圆形，花小，多萎缩或脱落。气微，茎味淡，叶味酸。

生境与分布：常生于山谷、灌木丛中或水沟旁。分布于我国黑龙江、吉林、辽宁、河北、山东、河南、陕西、甘肃、江苏、浙江、安徽、江西、湖南、湖北、四川、贵州、福建、台湾、广东、海南、广西、云南等地。朝鲜、日本、印度尼西亚、菲律宾、印度、俄罗斯也有分布。

常见程度：★

火炭母

拉丁学名：*Polygonum chinense* L.

科　　属：蓼科　蓼属

形态特征：多年生草本，基部近木质。根状茎粗壮。茎直立，高 70 ～ 100 cm，通常无毛，具纵棱，多分枝，斜向上。叶片卵形或长卵形，长 4 ～ 10 cm，宽 2 ～ 4 cm，顶端短渐尖，基部截形或宽心形，全缘，两面均无毛，有时背面沿叶脉疏生短柔毛，下部叶具叶柄，叶柄长 1 ～ 2 cm，通常基部具叶耳，上部叶近无柄或抱茎；托叶鞘膜质，无毛，长 1.5 ～ 2.5 cm，具脉纹，顶端偏斜，无缘毛。花序头状，通常数个排成圆锥状，顶生或腋生，花序梗被腺毛；苞片宽卵形，每苞内具花 1 ～ 3 朵；花被 5 深裂，白色或淡红色，裂片卵形，果时增大，呈肉质，蓝黑色；雄蕊 8 枚，比花被短；花柱 3 枚，中下部合生。瘦果宽卵形，具 3 棱，长 3 ～ 4 mm，黑色，无光泽，包于宿存的花被。花期 7 ～ 9 月，果期 8 ～ 10 月。

生境与分布：生于海拔 30 ～ 2400 m 的山谷湿地、山坡草地。分布于我国浙江、江西、福建、台湾、湖北、湖南、广东、海南、广西、四川、贵州、云南、西藏等地。

常见程度：★★★

团叶鳞始蕨

拉丁学名：*Lindsaea orbiculata*（Lam.）Mett. ex Kuhn

科　　属：鳞始蕨科　鳞始蕨属

形态特征：植株高达 30 cm。根状茎短而横走，先端密被红棕色的狭小鳞片。叶近生；叶柄长 5 ～ 11 cm，栗色，腹面有沟，光滑；叶片线状披针形，长 15 ～ 20 cm，宽 1.8 ～ 2 cm，一回羽状，下部往往二回羽状；羽片 20 ～ 28 对，下部各对羽片对生，远离，中上部的互生而接近，开展，有短柄；对开式，近圆形或肾圆形，长约 9 mm，宽约 6 mm，基部广楔形，先端圆，下缘及内缘凹入或多少平直，外缘圆形，在着生孢子囊群的边缘有不整齐的齿牙，在不育的羽片上有尖齿牙；叶脉二叉分枝；叶草质，叶轴禾秆色至棕栗色，有四棱。孢子囊群连续不断成长线形，或偶为缺刻所中断；囊群盖线形，狭，棕色，膜质，有细齿牙，几达叶缘。

生境与分布：常生于溪边、林下或石隙阴处。分布于我国台湾、福建、广东、海南、广西、贵州、四川、云南等地。亚洲热带地区及澳大利亚也有分布。

常见程度：★★

双唇蕨

拉丁学名：*Lindsaea ensifolia* Sw.

科　　属：鳞始蕨科　双唇蕨属

形态特征：叶近生；叶柄长 15 cm，禾秆色至褐色，4 棱，腹面有沟，稍有光泽，通体光滑，叶片长圆形，长约 25 cm，宽约 11 cm，一回奇数羽状；羽片 4 对或 5 对，基部近对生，上部互生，相距 4 cm，斜展，有短柄或几无柄，线状披针形，长 7 ～ 11.5 cm，宽约 8 mm，基部广楔形，先端渐尖，全缘，或在不育羽片上有锯齿，向上的各羽片略缩短，顶生羽片分离，与侧生羽片相似；中脉显著，细脉沿中脉联结成 2 行网眼，网眼斜长，为不规则的四边形至多边形，向叶缘分离；叶草质，两面均光滑。孢子囊群线形，连续，沿叶缘联结各细脉着生；囊群盖 2 层，灰色，膜质，全缘，里层较外层的叶边稍狭，向外开口。

生境与分布：生于海拔 120 ～ 600 m 的林下或溪边。分布于我国台湾、广东、海南、云南等地。亚洲热带地区、琉球群岛、波利尼西亚、澳大利亚、非洲西南部及马达加斯加也有分布。

常见程度：★★

乌蕨

拉丁学名：*Stenoloma chusanum* Ching

科　　属：鳞始蕨科　乌蕨属

形态特征：植株高达 65 cm。根状茎短而横走，粗壮，密被赤褐色的钻状鳞片。叶近生，叶柄长达 25 cm，禾秆色至褐禾秆色，有光泽，直径约 2 mm，圆形，腹面有沟，除基部外，通体光滑；叶片披针形，长 20 ～ 40 cm，宽 5 ～ 12 cm，先端渐尖，基部不变狭，四回羽状；羽片 15 ～ 20 对，互生；二回（或末回）小羽片小，倒披针形，先端截形，有齿牙，基部楔形，下延，其下部小羽片常再分裂成具 1 ～ 2 条细脉的短而同形的裂片；叶脉腹面不显，背面明显，在小裂片上为二叉分枝；叶坚草质，通体光滑。孢子囊群边缘着生，每裂片上有 1 ～ 2 枚，顶生于 1 ～ 2 条细脉上；囊群盖灰棕色，革质，半杯形，宽，与叶缘等长，近全缘或多少啮蚀，宿存。

生境与分布：生于海拔 200 ～ 1900 m 的林下或灌木丛中阴湿地。分布于我国浙江、福建、台湾、安徽、江西、广东、海南、香港、广西、湖南、湖北、四川、贵州、云南等地。日本、菲律宾、波利尼西亚、马达加斯加也有分布。

常见程度：★

剑叶耳草

拉丁学名：*Hedyotis caudatifolia* Merr. et Metcalf

科　　属：茜草科　耳草属

形态特征：直立亚灌木，全株无毛，高 30 ～ 90 cm。嫩枝绿色，具浅纵纹。叶对生，革质，常披针形，腹面绿色，背面灰白色，长 6 ～ 13 cm，宽 1.5 ～ 3 cm，顶部尾状渐尖，基部楔形或下延；叶柄长 10 ～ 15 mm；侧脉每边 4 条，纤细，不明显；托叶阔卵形，短尖，长 2 ～ 3 mm，全缘或具腺齿。聚伞花序排成疏散的圆锥花序；花 4 数，具短梗；萼管陀螺形，长约 3 mm，萼檐裂片卵状三角形，与萼等长，短尖；花冠白色或粉红色，长 6 ～ 10 mm，里面被长柔毛，花冠管长 4 ～ 8 mm，裂片披针形，无毛或里面被硬毛；花柱伸出或内藏，无毛，柱头 2 个，略被细小硬毛。蒴果长圆形或椭圆形，连宿存萼檐裂片长约 4 mm，直径约 2 mm，光滑无毛，熟时开裂为 2 果爿。花期 5 ～ 6 月。

生境与分布：生于山地林下或山谷溪旁。分布于我国广东、广西、福建、江西、浙江、湖南等地。

常见程度：★★

阔叶丰花草

拉丁学名：*Spermacoce alata* Aubl.

科　　属：茜草科　丰花草属

形态特征：披散、粗壮草本，被毛。茎和枝均为明显的四棱柱形，棱上具狭翅。叶片椭圆形或卵状长圆形，长 2 ~ 7.5 cm，宽 1 ~ 4 cm，顶端锐尖或钝，基部阔楔形而下延，边缘波浪形，鲜时黄绿色；侧脉 5 对或 6 对，略明显；叶柄长 4 ~ 10 mm，扁平；托叶膜质，被粗毛，顶部有数条长于鞘的刺毛。花数朵丛生于托叶鞘内，无花梗；小苞片略长于花萼；萼管圆筒形，长约 1 mm，花萼裂片 4 片，长约 2 mm；花冠漏斗形，浅紫色，稀白色，长 3 ~ 6 mm，内面被疏柔毛，花冠裂片 4 片；花柱长 5 ~ 7 mm，柱头 2 裂，裂片线形。蒴果椭圆形，长约 3 mm，直径约 2 mm，被毛。种子长约 2 mm，无光泽，有小颗粒。花期 7 月，果期 10 ~ 11 月。

生境与分布：常生于红壤上，见于海拔 1000 m 以下的废墟、荒地、沟渠边、山坡路旁，或为田园杂草。分布于我国广东、海南、香港、台湾、福建、浙江等地。原产于南美洲。

常见程度：★★★

积雪草

拉丁学名：*Centella asiatica*（L.）Urban

科　　属：伞形科　积雪草属

形态特征：匍匐草本，幼时常具柔毛。茎细而伸长。叶簇生于茎节处；叶片圆形、肾形或马蹄形，长 1.5 ～ 5 cm，宽 1 ～ 3 cm；背面脉上有时疏生柔毛，与叶柄相接处柔毛较密；叶柄比叶片长 2 ～ 4 倍；托叶 2 枚，膜质，卵形，长约 5 mm，宽约 3 mm，时常早萎或脱落。单伞形花序头状；花序梗长 0.2 ～ 1.5 cm，2 ～ 4 个聚生于叶腋；通常具苞片 2 片，长 2 ～ 3 mm，宽 1.5 ～ 2.5 mm；每单伞形花序有花 3 ～ 4 朵，无梗或仅有长 1 mm 的短花梗；萼齿不显；花瓣紫红色或黄白色，长约 2 mm，宽约 1.5 mm；花柱稍短于花瓣。果实圆形，两侧极压扁，基部心形，长 2.2 ～ 3.5 mm，宽 2 ～ 3 mm，果棱之间网状小横脉明显，表面光滑或有毛。花果期 5 ～ 10 月。

生境与分布：生于海拔 200 ～ 1900 m 的地区，水陆两栖。分布于我国陕西、江苏、安徽、浙江、江西、湖南、湖北、福建、台湾、广东、广西、四川、云南等地。印度、斯里兰卡、马来西亚、印度尼西亚、日本、澳大利亚、非洲中南部、越南、缅甸、泰国、老挝及大洋洲各群岛也有分布。

常见程度：★★

刺子莞

拉丁学名：*Rhynchospora rubra*（Lour.）Makino

科　　属：莎草科　刺子莞属

形态特征：秆丛生，直立，圆柱状，高 30 ～ 65 cm 或稍长，平滑，直径 0.8 ～ 2 mm，具细条纹，基部不具无叶片的鞘。根状茎极短。叶基生，叶片狭长，钻状线形，长为秆的 1/2 ～ 2/3，宽 1.5 ～ 3.5 mm，纸质，向顶端渐狭，顶端稍钝，三棱形，稍粗糙；苞片 4 ～ 10 片，叶状，不等长。头状花序顶生，球形，直径 15 ～ 17 mm，棕色，具多数小穗；小穗钻状披针形，长约 8 mm，有光泽，具鳞片 7 枚或 8 枚，有花 2 朵或 3 朵；雄蕊 2 枚或 3 枚，花丝短于或微露出鳞片外，花药线形，药隔突出于顶端；花柱细长，基部膨大，柱头 2 个，很短，或有时只有 1 个柱头，顶端细尖。小坚果宽或狭倒卵形，长 1.5 ～ 1.8 mm，双凸状，近顶端被短柔毛，上部边缘具细缘毛，熟时黑褐色，表面具细点；宿存花柱基短小，三角形。花果期 5 ～ 11 月。

生境与分布：生于海拔 100～1400 m 的地区。广泛分布于我国长江以南各地。亚洲、非洲、大洋洲的热带地区也有分布。

常见程度：★

浆果薹草

拉丁学名：*Carex baccans* Nees

科　　属：莎草科　薹草属

形态特征：草本。秆密丛生，直立而粗壮，高 80 ~ 150 cm，三棱形，无毛。叶长于秆，宽 8 ~ 12 mm，基部具红褐色、分裂成网状的宿存叶鞘；苞片叶状，长于花序，基部具长鞘。圆锥花序复出，长 10 ~ 35 cm；支圆锥花序 3 ~ 8 个，长 5 ~ 6 cm；花序轴钝三棱柱形，几无毛；小穗多数，圆柱形，长 3 ~ 6 cm，两性。果囊近球形，肿胀，长 3.5 ~ 4.5 mm，熟时鲜红色或紫红色，有光泽。小坚果长 3 ~ 3.5 mm，熟时褐色；柱头 3 个。花果期 8 ~ 12 月。

生境与分布：生于海拔 200 ~ 2700 m 的林边、河边及村边。分布于我国福建、台湾、广东、广西、海南、四川、贵州、云南等地。马来西亚、越南、尼泊尔、印度也有分布。

常见程度：★

高秆珍珠茅

拉丁学名：*Scleria terrestris*（L.）Fass

科　　属：莎草科　珍珠茅属

形态特征：秆散生，三棱形，高 60 ~ 100 cm，直径 4 ~ 7 mm，无毛，常粗糙。叶片线形，向顶端渐狭，长 30 ~ 40 cm，宽 6 ~ 10 mm，纸质，无毛，稍粗糙；叶鞘纸质，长 1 ~ 8 cm，在秆中部的鞘具宽 1 ~ 3 mm 的翅；叶舌半圆形，短，通常被紫色髯毛。圆锥花序由顶生和 1 ~ 3 个相距稍远的侧生枝圆锥花序组成；支圆锥花序长 3 ~ 8 cm，宽 1.5 ~ 6 cm，花序轴与分枝多少被疏柔毛；小穗单生，较少 2 个生在一起，长 3 ~ 4 mm，紫褐色或褐色，全部为单性；雄花具雄蕊 3 枚；柱头 3 个。小坚果球形或近卵形，有时多少呈三棱形，顶端具短尖，直径约 2.5 mm，白色或淡褐色，表面具四角形至六角形网纹，横纹上断续被微硬毛。花果期 5 ~ 10 月。

生境与分布：生于海拔 2000 m 以下的田边、路旁、山坡等干燥或潮湿的地方。分布于我国广东、广西、海南、福建、台湾、云南、四川等地。印度、斯里兰卡、马来西亚、印度尼西亚、泰国、越南也有分布。

常见程度：★★

垂穗石松

拉丁学名：*Palhinhaea cernua*（L.）Vasc. et Franco

科　　属：石松科　垂穗石松属

形态特征：中型至大型土生植物。主茎直立，高达60 cm，圆柱形，中部直径1.5～2.5 mm，光滑无毛，多回不等位二叉分枝。主茎上的叶螺旋状排列，稀疏，钻形至线形，长约4 mm，宽约0.3 mm，通直或略内弯，基部圆形，下延，无柄，先端渐尖，全缘，中脉不明显，纸质；侧枝上斜，多回不等位二叉分枝，有毛或光滑无毛；侧枝及小枝上的叶螺旋状排列，密集，略上弯，钻形至线形，长3～5 mm，宽约0.4 mm，基部下延，无柄，先端渐尖，全缘，表面有纵沟，光滑，中脉不明显，纸质。孢子囊穗单生于小枝顶端，短圆柱形，熟时通常下垂，长3～10 mm，直径2～2.5 mm，淡黄色，无柄；孢子叶卵状菱形，覆瓦状排列，长约0.6 mm，宽约0.8 mm，先端急尖，尾状，边缘膜质，具不规则锯齿；孢子囊生于孢子叶腋，内藏，圆肾形，黄色。

生境与分布：生于海拔100～1800 m的林下、林缘、灌木丛中荫蔽处或岩石上。分布于我国浙江、福建、台湾等地及华南、西南地区。亚洲其他热带地区和亚热带地区、大洋洲、中南美洲也有分布。

常见程度：★

地耳草

拉丁学名：*Hypericum japonicum* Thunb. ex Murray

科　属：藤黄科　金丝草属

形态特征：一年生或多年生草本，高 2 ～ 45 cm。叶无柄，叶片常卵形、卵状三角形至长圆形或椭圆形，长 0.2 ～ 1.8 cm，宽 0.1 ～ 1 cm，先端近锐尖至圆形，基部心形抱茎至截形，全缘，坚纸质，具基生主脉 1 ～ 3 条和侧脉 1 对或 2 对，全面散布透明腺点。花序具花 1 ～ 30 朵，两歧状或多少呈单歧状；花直径 4 ～ 8 mm，多少平展；萼片长 2 ～ 5.5 mm，全面散生有透明腺点或腺条纹；花瓣白色、淡黄色至橙黄色，无腺点，宿存；雄蕊 5 ～ 30 枚，长约 2 mm，宿存；花柱 2 ～ 3 枚，离生。蒴果短圆柱形至圆球形，长 2.5 ～ 6 mm。花期 3 ～ 8 月，果期 6 ～ 10 月。

生境与分布：生于海拔 2800 m 以下的田边、沟边、草地及撩荒地上。分布于我国辽宁、山东及长江以南各地。日本、朝鲜、尼泊尔、印度、斯里兰卡、缅甸、印度尼西亚、澳大利亚、新西兰、美国夏威夷州也有分布。

常见程度：★

扇叶铁线蕨

拉丁学名：*Adiantum flabellulatum* L.

科　　属：铁线蕨科　铁线蕨属

形态特征：植株高 20 ～ 45 cm。根状茎短而直立，密被棕色、有光泽的钻状披针形鳞片。叶簇生；柄长 10 ～ 30 cm，宽约 2.5 mm，紫黑色，有光泽，基部被有和根状茎上同样的鳞片，向上光滑，腹面有纵沟 1 条；叶片扇形，长 10 ～ 25 cm，二回或三回不对称的二叉分枝，通常中央的羽片较长，奇数一回羽状；小羽片 8 ～ 15 对，互生，平展，具短柄（长 1 ～ 2 mm），相距 5 ～ 12 mm，中部以下的小羽片大小几相等，长 6 ～ 15 mm，宽 5 ～ 10 mm，内缘及下缘直而全缘，能育部分具浅缺刻，裂片全缘，不育部分具细锯齿；叶脉多回二歧分叉，直达边缘；叶干后近革质，绿色或常为褐色，两面均无毛；各回羽轴及小羽柄均为紫黑色，有光泽。孢子囊群每羽片 2 ～ 5 枚，横生于裂片上缘和外缘，以缺刻分开。

生境与分布：生于海拔 100 ～ 1100 m 的阳光充足的酸性红壤、黄壤上。分布于我国台湾、福建、江西、广东、海南、湖南、浙江、广西、贵州、四川等地。日本、琉球群岛、越南、缅甸、印度、斯里兰卡、马来群岛也有分布。

常见程度：★★★

狗脊

拉丁学名：*Woodwardia japonica*（L. f.）Sm.

科　　属：乌毛蕨科　狗脊属

形态特征：植株高（50）80 ～ 120 cm。根状茎粗壮，横卧，暗褐色，直径 3 ～ 5 cm，与叶柄基部密被鳞片；鳞片披针形或线状披针形，长约 1.5 cm，先端长渐尖，有时为纤维状，膜质，全缘，深棕色，略有光泽，老时逐渐脱落。叶近生；叶柄长 15 ～ 70 cm，直径 3 ～ 6 mm；叶片长卵形，长 25 ～ 80 cm，下部宽 18 ～ 40 cm，先端渐尖，二回羽裂；顶生羽片卵状披针形或长三角状披针形，大于其下的侧生羽片；叶脉明显，羽轴及主脉均为浅棕色，两面均隆起，在羽轴及主脉两侧各有 1 行狭长网眼，其外侧尚有若干不整齐的多角形网眼，其余小脉分离，单一或分叉，直达叶边。孢子囊群线形，挺直，着生于主脉两侧的狭长网眼上，有时也生于羽轴两侧的狭长网眼上，不连续，呈单行排列；囊群盖线形，质厚，棕褐色，熟时开向主脉或羽轴，宿存。

生境与分布：生于疏林下。广泛分布于我国长江以南各地。

常见程度：★

乌毛蕨

拉丁学名：*Blechnum orientale* L.

科　　属：乌毛蕨科　乌毛蕨属

形态特征：根状茎直立，粗短，木质，黑褐色，先端及叶柄下部密被鳞片。叶簇生于根状茎顶端；叶片卵状披针形，长 1 m 左右，一回羽状；羽片多数，二形，互生，无柄，下部羽片不育，极度缩小为圆耳形，长仅数毫米，彼此远离，向上羽片突然伸长，疏离，能育，斜展，线形或线状披针形，长 10 ～ 30 cm，宽 5 ～ 18 mm，下侧往往与叶轴合生，全缘或呈微波状，干后反卷；叶脉腹面明显，主脉两面均隆起，腹面有纵沟，小脉分离，单一或二叉，平行，密接。叶近革质，干后棕色，无毛。孢子囊群线形，连续，紧靠主脉两侧，与主脉平行；囊群盖线形，开向主脉，宿存。

生境与分布：生于海拔 300 ～ 800 m 的较阴湿的水沟旁、坑穴边缘、山坡灌木丛中或疏林下。分布于我国广东、广西、海南、台湾、福建、西藏、四川、重庆、云南、贵州、湖南、江西、浙江等地。印度、斯里兰卡、东南亚及日本至波利尼西亚也有分布。

常见程度：★★★

土牛膝

拉丁学名：*Achyranthes aspera* L.

科　　属：苋科　牛膝属

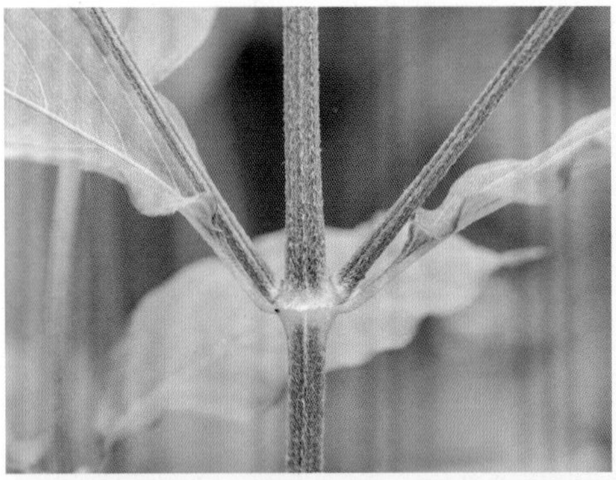

形态特征：多年生草本，高 20 ～ 120 cm。茎四棱形，有柔毛，节部稍膨大，分枝对生。叶片纸质，宽卵状倒卵形或椭圆状矩圆形，长 1.5 ～ 7 cm，宽 0.4 ～ 4 cm，顶端圆钝，具突尖，基部楔形或圆形，全缘或波状缘，两面均密生柔毛，或近无毛；叶柄长 5 ～ 15 mm。穗状花序顶生，直立，长 10 ～ 30 cm，花期后反折；花序梗具棱角；花长 3 ～ 4 mm，疏生；苞片披针形，长 3 ～ 4 mm，顶端长渐尖，小苞片刺状，长 2.5 ～ 4.5 mm，坚硬，光亮，常带紫色；花被片披针形，长 3.5 ～ 5 mm，花后变硬且锐尖，具 1 条脉。胞果卵形，长 2.5 ～ 3 mm。花期 6 ～ 8 月，果期 10 月。

生境与分布：生于山坡疏林中或村庄附近空旷地上。分布于我国湖南、江西、福建、台湾、广东、广西、四川、云南、贵州等地。

常见程度：★

野甘草

拉丁学名： *Scoparia dulcis* L.

科　　属： 玄参科　野甘草属

形态特征：直立草本或半灌木状，高可达 100 cm。茎多分枝，枝有棱角及狭翅，无毛。叶对生或轮生，菱状卵形至菱状披针形，长者达 35 mm，宽者达 15 mm；枝上部叶较小而多，顶端钝，基部长渐狭，全缘而成短柄，前半部有齿，齿有时颇深，多少缺刻状而重出，有时近全缘，两面均无毛。花单朵或更多成对生于叶腋，花梗细，长 5 ～ 10 mm，无毛；无小苞片，萼分生，齿 4 枚，卵状矩圆形，长约 2 mm，顶端有钝头，具睫毛；花冠小，白色，直径约 4 mm，有极短的花冠管，喉部生密毛，瓣片 4 片，上方 1 片稍较大，钝头，而缘有啮痕状细齿，长 2 ～ 3 mm；雄蕊 4 枚，近等长，花药箭形，花柱挺直，柱头截形或凹入。蒴果卵圆形至球形，直径 2 ～ 3 mm，室间室背均开裂，中轴胎座宿存。

生境与分布：喜生于荒地、路旁，亦偶见于山坡。分布于我国广东、广西、云南、福建、台湾、香港、澳门、海南、云南、上海等地。原产于美洲热带地区。

常见程度：★

无根藤

拉丁学名：*Cassytha filiformis* L.

科　　属：樟科　无根藤属

形态特征：寄生缠绕草本，借盘状吸根攀附于寄主植物上。茎线形，绿色或绿褐色，稍木质，幼嫩部分被锈色短柔毛，老时被稀疏毛或无毛。叶退化为微小的鳞片。穗状花序长 2 ～ 5 cm，密被锈色短柔毛；花小，白色，长不及 2 mm，无梗；花被裂片 6 片，排成 2 轮，外轮 3 枚小，圆形，有缘毛，内轮 3 枚较大，外面有短柔毛，内面几无毛；能育雄蕊 9 枚，第一轮雄蕊花丝近花瓣状，其余为线状；退化雄蕊 3 枚，位于最内轮，三角形，具柄；子房卵珠形，几无毛，花柱短，略具棱，柱头小，头状。果小，卵球形，包藏于花后增大的肉质果托内，但彼此分离，顶端有宿存的花被片。花果期 5 ～ 12 月。

生境与分布：生于山坡灌木丛或疏林中。分布于我国云南、贵州、广西、广东、湖南、江西、浙江、福建、台湾等地。亚洲热带地区、非洲、澳大利亚也有分布。

常见程度：★